多源数据支撑下的
城市空间活力研究
——框架、方法与应用

徐孟远◎著

图书在版编目（CIP）数据

多源数据支撑下的城市空间活力研究：框架、方法与应用 / 徐孟远著 . —北京：企业管理出版社，2023.8

ISBN 978-7-5164-2861-0

Ⅰ . ①多… Ⅱ . ①徐… Ⅲ . ①城市空间 - 空间规划 - 研究 Ⅳ . ① TU984.11

中国国家版本馆 CIP 数据核字（2023）第 126134 号

书　　名：多源数据支撑下的城市空间活力研究——框架、方法与应用
书　　号：ISBN 978-7-5164-2861-0
作　　者：徐孟远
策　　划：杨慧芳
责任编辑：杨慧芳
出版发行：企业管理出版社
经　　销：新华书店
地　　址：北京市海淀区紫竹院南路 17 号　　邮编：100048
网　　址：http://www.emph.cn　　电子信箱：314819720@qq.com
电　　话：编辑部（010）68420309　　发行部（010）68701816
印　　刷：北京亿友创新科技发展有限公司
版　　次：2023 年 8 月第 1 版
印　　次：2023 年 8 月第 1 次印刷
开　　本：710mm × 1000mm　1/16
印　　张：13 印张
字　　数：194 千字
定　　价：78.00 元

前言

城市空间活力一直以来是规划界关心的重点议题。随着物联网、3S 技术等信息技术的迅速发展，获取以 GPS 数据为代表的包含丰富时空间行为信息的高精度行为数据成为可能，为基于行为的城市空间活力动态规律研究提供了重要的数据支撑。同时，现代时空地理学下的理论体系和时空间分析技术方法也不断完善，形成了理解地理时空与群体行为相互关系的重要理论方法，尤其通过与多源时空数据的相互融合大幅提升了数据信息挖掘的广度和深度，为本课题提供了关键性的研究视角和路径。

面对城乡区域高质量发展的重大需求和多学科交叉融合的趋势，笔者在时空间地理学视角下的城市活力研究领域深耕多年，深入研究了多源数据融合平台下的城市空间活力综合分析的理论框架与技术方法，重点关注城市空间活力的评价方法、动态演变规律，并开展基于时空统计方法的城市空间活力影响机制的创新性研究，希冀为广大读者提供数据模式驱动下的城市研究思路和方法支持。郑文俊教授对于本书的内容和撰写提出很多指导性的意见，原昊、田凯、王鸿华、肖芳玲、王秀秀等同学参与完成本书部分章节的数据分析和校对工作，在此一并感谢。

本书参考了大量国内外研究，并提供了分析实例，其中涵盖了多种具有代表性的时空分析方法，但是由于时空分析方法发展迅速类型众多，许多内容尚未涉及。同时由于时间仓促和笔者能力有限，难免存在一些错漏和不足之处，恳请广大读者批评指正。

目 录

第1章 绪 论

1.1 城市活力的内涵与营造

城市作为人类文明的结晶，是民众多样化而又具有丰富内涵的公共生活的舞台。美国规划理论家路易斯·芒福德将城市视为“文化的容器”和市民生活的“剧场”，认为城市自形成伊始，即孕育和容纳了道德、科技、法律、建筑等人类社会各个方面的新发展变化。这些变化经过集聚和交融，创造了有意义和有价值的人类生活，最终推动了城市文明的发展。当前，我国正处于新型城镇建设的关键时期，党的十八大以来，党中央就深入推进新型城镇化建设做出了一系列重大决策。城市发展方式也逐渐以粗放扩张性为主的规划转变为以提高城市内涵质量为主的规划。党的二十大以来，我国进一步明确提出深入实施新型城镇化战略，要求推进以人为核心的新型城镇化，提高城市规划、建设、治理水平，加快转变超大特大城市发展方式。国务院在《“健康中国 2030”规划纲要》中也提出，在城市发展过程中致力于打造具有活力的现代化宜居城市。城市活力，已经成为我国当下新型城镇化发展中的关键目标和议题。

“活力”一词源于生物学、生态学概念，在字典中的释意为生命体维持生存、发展的能力，引申到不同领域中，其内涵与表征具有一定的差异。在人居环境领域，城市活力，顾名思义是指城市的生命力，它对于城市的生存和发展建设具有重要的意义。城市活力是一个城市发展质量的综合表现形态，包含人口活力、经济活力、社会活力等多个方面。其中，人是一切要素的行为主体和根本，城市中人的各种社会生产活动是城市活力的来源，人与经济、社会、资源、环境实现良性互动是城市活力提升的唯一推动力。1961年，简·雅各布斯首次在人居环境科学领域的重要著作《美国大城市的死与生》中就现代主义城市设计理论中对城市日常公共生活的漠视作出了深刻批判，强调了城市活力对于城市的生存和发展建设所具有的重要意义，并指出活力源于城市中人的社会交往活动及人与生活场所之间的互动，其针对城市活力的观点对后世人居环境理论产生了深远的影响。1984年，凯文·林奇在《城市形态》一书中将“活力”解释为“一个聚落形态对于生命机能、生态要求、人类能力以及物种延续的支持程度”，并提出用“活力、感受、适宜、可及性、管理”来衡量城市空间形态质量，其中首要评价标准便是城市的活力状态。扬·盖尔（2002）提出日常生活行为是城市活力的基础和起点，并基于以哥本哈根为代表的大量欧洲城市的实证研究指出，街道界面的丰富性、城市公共设施的多样性以及活动场所的多样化是城市公共生活发生的重要条件。城市活力的外在表现为城市人群及人群活动的时空分布。

我国对城市活力的研究起步相对西方学派较晚，但也涌现出丰富的研究成果。龚颖认为城市公共空间活力源于人与场所两者之间相互作用，具体表现为人的社会活动在时间和空间上的聚集以及物质空间承担的社会服务功能。在《城市活力形态论》一书中，蒋涤非（2007）认为人的聚集、生活是城市生活的本质，是城市活力产生的动因。城市活力就是在人的聚集过程中产生的社会交往活动，并将城市活力定义为“城市旺盛的生命力，即城市提供市民人性化生存的能力”。同时他还提出城市活力包括经济、社会和文化活力3个角度。徐煌辉和卓伟德（2006）根据两个城市中心区实例解析指出城市公共空间活力营造要素包括空间尺度、交通可达性、环境质量、公共设施、文化内涵等。周密（2007）基于城市商业中心区活力的特征分析，从吸引力、方便性、适宜性的角度提出城市商业中心的活力塑造原则。以上理论从人居环境学科的多种研究视角出发，聚焦于城市建成环境与居民行为活动的相互关联，阐述了城市活力的产生动因、内涵、评价方法以及影响因素，为城市活力的研究奠定了理论基础。

基于以上研究及思考，本书认为“城市活力”指城市具有的生命力，即城市有机体的运转状态。城市人群的多样性活动产生城市活力，其具体表现为城市人群在城市范围内由于多种社会交往活动随时间在空间内聚集分散，即城市活力的外在表征为城市人群及其活动的时空分布。而城市人群聚集及分散的状态受城市形态、城市功能以及人的社会性行为等多种因素影响。

1.2 城市活力研究的发展

随着对城市活力的内涵和重要性的认识加深，近年来学界和实践界对城市活力的营造方法也开展了大量的理论和实践探索。1961年，简·雅各布斯在《美国大城市的死与生》中从城市街道入手进行研究，首次提出活力源于人与人之间的社交活动及人与生活场所互动联系的过程，并指出城市活力对于城市的生存和发展建设有重要意义。雅各布斯认为基本功能的混合、小的街区、不同年代建筑的混合，密集的人口分布是促进城市街道活力多样性的条件。1963年，美国的“布凯南报告”中首次提出“街道环境容量”概念，认为街道设计需要考虑其环境容量，同时强调了城市街道审美的重要性。1984年，凯文·林奇在《城市形态》一书中将城市“活力”解释为“一个聚落形态对于生命机能、生态要求、人类能力以及物种延续的支持程度”，并提出用“活力、感受、适宜、可及性、管理”5个基本指标来衡量城市空间形态质量，其中首要评价标准便是“活力”。扬·盖尔认为日常生活行为是城市活力的基础和起点，并指出街道界面的丰富性、城市公共设施的多样性以及活动场所的多样化是城市公共生活发生的重要条件。扬·盖尔基于人的活动探讨了人群公共活动与物质空间环境之间的相互作用，并指出承载个体或群体日常生活的空间是城市空间活力的基础和起点。到20世纪90年代，阿兰·雅各布斯基于形态学角度选取同样面积（1平方英里，约2.59km^2）的区域，按照同样的比例（1：12000），对97个城市的街道与城市模式进行比较分析，指出“老城市通常比新城市规模小，然而却更精致”。彼得·卡茨（1994）提出紧凑、步行、功能混合、适宜的建筑密度是影响城市空间活力的重要因素。Montgomery（1998）认为活力空间应具有细致的肌理、人性化的尺度、混合的功能和街道连通性。以上各种观点从城市空间与建筑等各个角度研究了城市活力营造的诸多要素，对我国的城市活力营造理论研究具有重要的借鉴和启发作用。

随着近年来物联网、3S 技术、大数据为代表的数字技术和信息技术的迅速发展，获取以手机信令、社交网络数据为代表的海量数字足迹数据成为可能。相应的时空地理分析工具也逐步发展完善，为城市活力研究提供了新的契机和方向，为大量传统城市活力营造理论提供了定量化的实证工具。研究者从不同理论视角、不同尺度、不同国家区域上针对城市公共空间活力的时空模式和影响机制开展了大量研究。例如，宁晓平（2016）采用 Hill Numbers 指数对于实时人流量及土地利用信息进行分析，证明了土地利用的混合度对于提高城市活力的影响。Sung 等（2013）利用多元线性回归模型对韩国首尔市的建筑用途及年代、人口普查、道路网络等环境要素与市民步行行为进行了相关性分析，为城市物理环境是影响城市整体活力的重要因素这一论断提供了有力支撑。De Nadai 等（2016）以意大利为例，综合手机信令、Open Street Map、人口普查、土地利用、城市建筑等数据，测量了简·雅各布斯的 4 个城市多样性条件对城市活力的解释程度。同济大学的王德教授基于手机信令数据，利用空间分析方法对上海市 3 个等级商业中心区的城市人群数量变化进行分析，具体研究了不同等级商业中心在消费者分布范围、空间集聚性、对称性等方面的内在差异。吴莞姝等（2022）综合多源感知大数据，从社会、经济、文化和空间 4 个维度提出了城市活力评价方法，并以厦门岛为例，对城市活力区域的空间特征和用地特征开展分析。唐璐（2022）从人与空间的双重视角出发，对南京市中心城区开展人群活力、活力多样性等复合角度的城市活力评价，探索了融合多源地理大数据的城市活力定量分析技术路径。上述研究在现代信息化技术和大数据的支撑下，极大拓展了城市活力研究的广度和深度，为相关研究提供了行之有效的精细化研究范式和路径。

1.3 研究目标

综上所述，本书从行为地理学和公平性视角出发，以武汉市主城区为例，基于多源大数据，解析不同尺度上的城市公共空间活力模式特征。构建城市活力评价体系，阐明影响城市的建成环境因子及其空间作用机制，进而提出城市活力提升导向下的城市空间评估诊断方法和调控策略。本书不仅可丰富和完善城市活力研究的理论方法和技术路径，同时也将有效地为国内城市建设和治理提供科学客观的决策支撑。

第2章　相关理论及研究综述

2.1　城市活力营造理论

2.1.1　城市活力研究的开端

20世纪60年代以来，西方发达城市的郊区化甚至逆城市化的现象更加明显，在大城市居民放弃城市中心区转而向郊区迁移后，传统城市中心的活力缺失问题愈加凸显，引起了人居环境建设者和学界的广泛注意。美国城市设计理论家罗杰·特兰西克（1986）在《寻找失落空间》一书中指出在城市中心中出现了大量的“没有明确的可以界定的边界，而且无法与周边的各个景观要素连贯在一起”的空间，这些空间使用效率极低，对环境和使用者没有任何益处，被他定义为低城市活力的“失落空间”。特兰西克对城市低使用率的公共空间问题的关注，也是现代城市活力研究的开端。

现代城市失落空间产生的主要原因是现代主义运动对城市的影响，包括其划分城市用地所采用的城市用地区划和土地使用政策，以及在城市道路交通规划设计中对机动车依赖性的增加。相较于西方早期基于步行尺度的城市设计，20世纪中叶的现代城市建设中为了满足汽车的通行需求，建设中优先考虑的是机动车交通运输的需求。于是街道开始变宽以满足汽车尺度，建筑布局也随之变得分散。而且这种变化趋势仍在城市中扩散。随着人们对汽车出行的依赖不断加剧，出行变成了一种点到点的行为。这种出行模式大大降低了人们在街道上逗留聚集的可能性，导致街道空间原有的公共交往功能逐渐丧失，只专注于基础的通行功能。同时道路尺度的扩大和车道分流无疑也切断了道路两侧之间的联系，让本该是一体的两侧街道空间一分为二。汽车优先的城市设计理念直接导致了街道作为传统公共空间功能的凋敝，也使道路沿线产生了大量难以利用的“失落空间”。

现代主义运动对城市活力的影响可追溯到 20 世纪初。20 世纪上半叶现代主义运动的产生与发展不仅改变了建筑风貌和建筑思想，同时也蔓延到了广义的人居环境建设领域，深刻地改变了人们的生活方式。1933 年，以柯布西耶为主导的国际现代建筑协会制定并发表《雅典宪章》，自此现代主义运动将城市规划带入了功能主义时期。“功能至上”的城市建设原则确实缓解了当时欧美一些城市中混乱无序的问题，但是追求功能、空间、审美的现代主义运动始终带着明显的现代建筑学派的烙印，它的理论并不能完全适用于城市规划。特别是随着社会的推移发展，城市规划开始偏向人文和功能性发展，上述问题愈发凸显出来，尤其是城市规划中过于刻板的功能分区。严格精确的功能分区没有给城市留下一丝调节的空隙，功能区之间是分裂的。城市中为公共空间保留的位置也是大而不当，这一模式在后来更是直接导致了城市的无序扩张。由此可见，现在由功能主义主导下的城市公共空间有相当一部分都是没有活力的“失落空间”。与此同时，随着现代城市扩张过快，部分城市规划布局失衡、规划脱离实际需求，新建城区无法吸引足够多的人流量，导致了极高的空置率，形成了一座座荒芜的“空城”。此外，由于城市在各方面的快速更新，不少土地的用途在城市发展过程中发生了改变，例如产业结构调整导致工厂搬迁、居住区和商圈的拆迁改建等。旧的城市功能转移了，而新的功能却出于种种原因未能及时增加，由此产生的大量闲置空间直接影响了城市的活力流动。

此外，公共空间的私有化也是现代城市活力缺失的重要原因之一。在快速城市化的进程中，城市经济的快速聚集也带来了城市经济的快速膨胀。由于私有领域的投资者在城市建设过程中追求更高更大的经济利益，在现行的规划控制体系下，城市空间被划分为独立的地块，再由不同的开发商负责设计、建造，大量建设项目背后核心推动力量是资本的投资行为。当城市规划引导不充分、思路不清晰的情况下，加上对利益的追逐，往往会导致不同属性的地块之间缺乏协调和统筹，地块与地块之间的连接空间也得不到整体的规划。本该属于城市的公共空间就这样被打上了投资者个人主义的色彩，这些空间便又成了"失落空间"滋生的温床。

在产业要素不断集聚和机动车大规模增长等多重压力的影响下，当前城市的建设环境在城市规划层面逐渐呈现出功能分隔明显、住区空间边缘化和适应机动化迅速发展的形态模式；在城市设计层面则具体表现为街区尺度过大、步行道路网不完善、空间可达性较差、基础设施空间配置不合理等问题。在上述城市建成环境的条件制约影响下，城市居民逐渐形成了高度依赖机动化和缺乏康体活动的消极活动出行模式。现代主义的弊病不断暴露，直接造成了城市活力的消解。现代城市中，由于汽车数量的大幅增加，交通干道、立交桥、大型停车场等机动车交通配套设施成了城市不可或缺的一部分。城市为这些设施提供了便利和条件，却被瓦解得支离破碎。于是，在城市规划领域中出现了一大批学者呼吁应该限制汽车的数量。但城市活力的流失真的应该全部归咎于汽车数量吗？的确，大体量的车辆占据着城市空间，但汽车量的急剧增加也极大地提升了城市发展的速度。一味限制汽车数量增加并非彻底解决城市活力缺失的方法。城市活力源于城市的多样化，因而适宜的公共空间系统以及与之相适配的交通系统才是目前城市活力提升中的关键。所以，比起如何限制汽车的数量增长，更应该把重心放在城市用地的规划上。要改进和优化城市的步行环境、非机动车环境，让行人和非机动车重新回到街道上来，让更多的人愿意选择慢行交通出行方式。

从基于新现代主义理论的设计思想看来，这种奉行严格的功能分区、汽车主导、忽视公共领域、漠视人文精神和自然环境的做法必然会导致城市活力的流失，于是在当时进行全面的城市改革已经刻不容缓，城市活力的价值和内涵获得了更多的关注重视，相应地围绕城市活力的公共空间设计理论也得到了极大的发展。

2.1.2 对公共空间和场所的重新重视

在当代城市失落空间与城市活力问题不断加剧的背景下，20 世纪 80 年代，以新城市主义（New Urbanism）为代表的一系列重拾传统城市公共空间形式的设计理论应运而生。新城市主义认为，发生在大城市内城、郊区及自然环境中的一系列困扰当下城市的社会问题，例如城市效率低下、内城衰退、社会生活质量退化、日益严重的社会两极分化、贫富分化与种族隔离、城市环境恶化、农田与原野消失、建筑遗产损毁等，都存在内在的相互联系。这些问题的产生也许有着更错综复杂的背景因素，但都可以直接或间接地归咎于“二战”之后几十年来城市无序蔓延的增长方式，而错误的城市开发政策和不合理的城市规划设计思维是导致城市无序蔓延的症结所在。

新城市主义的目的在于通过塑造良好的城市物质和社会空间，抑制城市蔓延及内城衰弱，重建邻里关系和促进社会多元化。1996 年通过的《新都市主义宪章》（Charter Of New Urbanism）中提出，必须要通过以下原则来指导城市的公共政策、开发实践、总体规划和设计：邻里要保持多种用途和人口多样性；社区交通设计不仅要考虑机动车，同时还要考虑步行系统；城市和城镇的形式由普遍能到达的公共空间以及社区机构的物质环境界定；城镇空间由经过设计的建筑和景观构成，并反映当地历史、气候、生态以及建设实践。

新都市主义理论指出，归根结底，城市活力的本质是人群的活力。在一个拥有活力的城市里，熟人与陌生人之间不会有清晰的界线，人们之间的交往是随意自由的。因此重塑城市活力要通过街道、广场这些公共空间的规划设计，为人与人之间交往提供基本条件、鼓励人们在城市的公共空间里聚集交流来实现。公共区域为城市居民提供了大量交往活动的空间。日常微不足道的公共接触，编织起了人与人和人与城市之间的信任网络，让人们产生了社区归属感和共同维护城市空间的意识，由此激活并串联起了整座城市的活力纽带。因此，城市活力的重塑指向了城市公共空间系统的环境营造，要求城市规划设计中必须重视步行和骑行环境，重新审视公共空间和场所的功能，营造丰富多彩的城市生活。总而言之，新城市主义是从传统的城市布局和城市规划思想中发掘灵感，并融合了现代生活的多种要素的城市发展模式。简单来说，新城市主义是一种基于中社区微观层面的城市规划设计手段，主要通过倡导紧凑、多种用途混合的土地利用方式，鼓励使用慢行交通和公共交通出行方式，提供多样化的住房选择。同时通过积极培养邻里社区感等措施来缓解城市蔓延带来的各种负面影响。新城市主义作为西方城市规划理论重要的探索方向之一，其可持续发展理念已经成为城市规划与设计领域重要的前沿理论之一，并对当下的城市空间发展模式产生了积极的影响。

2.1.3 欧美城市活力营造的政策与实践

在新城市主义及一系列衍生理念的指导下，欧美出现了许多城市活力营造的成功案例。伦敦考文特花园（Covent Garden Station）——于 2006 年进行了更新改造，通过提高整个区域的“可达性”，建立全新步行路线改善与周围交通枢纽和邻近地区的连接，缓解拥堵。增加临街店铺，平衡居住、办公、零售及餐饮等多种功能，打造出世界级的城市混合功能区。巴黎玛黑区——作为巴黎文化商业核心聚集地，历史建筑保存完好，保留了中世纪街区的物质形态，体现了最古老的巴黎市街风情，带给游客的却是现代化商业步行街的体验。该区域形成了沿路网结构蔓延的线性商业体系，沿街建筑底层多数置换为商铺空间，以此提供给游客与市民更便捷的购物体验。街区的独特氛围也吸引了大量新锐设计师、艺术家在此居住、创作，同时带动了餐饮、零售等服务行业的发展，成功地将餐厅、艺术画廊、书店、精品店、酒吧与办公事务所等联动起来，增强了市中心区的人气。玛黑区的功能高度混合，各种博物馆与美术馆林立，提供了多样化的便利店、餐厅、酒吧、咖啡馆、公园、小剧场、时尚小铺、街头文化、开放空间以及便捷的公共交通、安全的人行步道。如今的玛黑区活力四射，是重要的文化消费区（博物馆、画廊、府邸、古董店等）、新兴职业（咨询与服务、自由职业等）的剧增区、潮流购物区，以及宜人的老城漫步区。

虽然在二十年后的今天，新城市主义的锋芒已然消退，就连这个词语也正在渐渐淡出城市设计领域，然而它所倡导的街道尺度、社区建设、以公共交通为导向（Transit Oriented Development，TOD）、社区密度、设计导则等原则和方法，早已成为城市设计理论和实践的重要组成部分，并将伴随着城市规划设计理论的发展不断衍生出更多新理念，从城市空间与建筑环境等角度研究了城市活力营造的诸多要素，也为我国之后的城市活力营造理论发展起到了重要的借鉴和启发作用。

2.1.4　中国当下所面临的城市活力问题以及实践探索

改革开放以来，中国经历了世界历史上规模最大、速度最快的城市化进程。过快的城市化在推动经济发展的同时也给城市留下了许多后遗症。近年来我国开始出现了西方发达国家城市发展过程中经历过的相似问题，如城市快速扩张、土地利用粗放、城市交通拥堵、社会各阶层收入开始分化、自然环境质量恶化等。具体表现在城市的功能集约区域，不同时段城市人群对城市时空间利用不均衡，城市活力在空间和时间上未得到充分释放。部分城市由于产业结构调整、规划脱离实际需求等原因，新建城区无法吸引足够多的人口入住，形成空置率极高的“空城”。相比于老城区，新城区城市活力明显不足，但同时部分老城区也由于人口流失和城市功能衰退而活力下降。与西方新城市主义产生背景相比，我国现有的城市化背景、城市发展模式、土地所有制形式都有自己独特的国情特点。首先，欧美国家已经进入了城市化时代后的逆城市化阶段，而我国目前且未来很长一段时间内的城市化形势都将是城市化与逆城市化并存；其次，我国城市密度已经较为紧凑，土地功能也已较混合，并不存在西方城市中常见的严重社会空间分异；再者，欧美国家的土地私有制使土地的统筹规划较为困难，而我国的土地公有制则为城市的整体规划提供了便利。由此可见，目前在中国，相对于密度控制，更重要的是控制城市建设的无序扩张及其所带来的职住分离和可达性降低等问题。特别是在中国目前以新建商务区、开发区为主导下与老城分离的新城建设模式中，城市所需要的机动交通量将大大增加。

近年来随着高质量城镇化概念的深入，我国城市发展的目标已经从原来关注功能与经济效率逐步转向人本、生态、和谐的发展思路，城市的发展模式也回归以人为本。从关注城市功能系统逐渐转向关注城市中的人本需求。从这个意义上来说，人本导向的西方城市建设理论对于我国城市生活质量优先、人行和公共交通优先，注重邻里社会交往的整体思路依旧具有重要的借鉴意义。但想要深入了解我国的城市活力现象特征并发现、解决问题，就一定要辨析中国与欧美城市结构和功能的差异，做到对症下药。在《中国城市繁荣活力2020报告》发布会上，中国城市规划学会区域规划与城市经济学术委员会主任委员、中国城市规划设计研究院院长王凯指出："持续地激活城市的活力，维持城市的繁荣有赖于社会各界共同努力。需要一套客观评估城市繁荣活力的指标体系，动态跟踪城市在拉动内需消费、集聚创新要素方面的积极影响力，为推动城市更新工作提供科学的支撑。"但目前的理论构建中，对城市活力的定量化研究方法和相应的指标体系构建尚未形成比较统一的框架，不同研究中所指的城市活力的内涵不尽相同，尚有待进一步探索。

城市的公共空间品质提升不仅能够促进人们的社会交往、信息交流，同时其背后更是体现着一个城市的生活方式、价值理念，不但能够提升城市活力，更是推动着城市的转型发展。目前我国处于从增量规划转向存量规划的大背景中。在城市整体空间活力提升策略上，我国城市一方面以"第三空间"为抓手，结合城市和分区特色，丰富和完善系统化的城市公共空间系统，提升城市活力。"第三空间"指的是城市中非正式的公共聚会空间如街道、书店、茶馆等，它为人们发展非功利性社会关系提供了理想场所，是城市活力的催化剂。城市的老城区作为城市"第三空间"供给的内核，激活老城区的城市"第三空间"便成了目前我国提升老城区城市活力的重要切入点。另一方面是从微观层面，对现有公园、广场等传统公共生活场所进行提质改造，使之适应新时期城市居民对城市公共生活的多样化新需求。其中一个典型性案例是福建省泉州市。泉州作为历史文化名城，其老城具有自身特色：老旧与新颖的建筑栉比鳞次。街道文化多元有趣，一步一景，处处布满惊喜。这种繁荣与活力源自泉州人对历史文化的热爱与传承，已经形成了有着泉州文化底蕴的社会生活文化。泉州在老城区的更新改造中十分注重对古建筑及传统文化的保护，同时在城市公共空间的整合重构中引入大量新兴创意产业，用针灸式的改造盘活低效的闲置空间，促进人们消费、交流互动，在维护旧有空间肌理和生活的基础上给老城区注入了新鲜的活力。

2.2 环境行为学理论

2.2.1 西方环境行为学研究

人与环境的关系是人居环境理论与实践的核心。认识人类社会生活与所处自然与人工环境之间的关联，进而构建相互协调的系统结构，是城乡可持续发展的永恒议题。

环境行为学（Environment-Behavior Studies）是研究环境设计与人类行为关系的学科，于20世纪60年代在西方发展起来，是西方人本主义思潮下城市建设的重要理论基础。环境行为学以“环境——人的活动”关系作为研究对象，强调人的空间行为是城市环境最真实的反映，主张通过探究环境与人的空间行为规律之间的相互关系，了解游人对环境的使用偏好，为合理宜人的城市公共空间设计提供坚实的基础。环境行为学的基础理论主要包括环境决定论、相互作用论和相互渗透论。环境决定论认为环境决定人的行为；相互作用论认为环境和人是相互独立的两个要素，但行为又是通过内在的有机体因素与外在的社会环境因素相互作用的结果。人不仅可以适应环境又能反作用于环境，主观能动地改变环境从而满足自身的生活需求；相互渗透论认为人与环境是相互依存的不可分割的整体，环境不仅可以影响人的行为，人对环境的反馈不仅限于对环境的修正，更有可能重新定义和再解释环境。总体而言，以人的行为活动作为焦点，自下而上地对人的行为分析探求背后的空间综合效应，是深入认识城市空间活动特征必不可少的技术路线。

西方早期研究中，Whyte（1980）和扬·盖尔等（2002）建立和发展了对公共空间使用者游憩行为时空分布进行观察分析的科学研究框架和方法，目前已经形成了比较成熟的理论体系。基于上述理论方法，国内外已开展了大量实证研究，试图解析公共空间环境特征与使用者行为的潜在关联。目前，针对公共空间的环境 - 行为实证研究可分为两个方向：一类通过绘制游人行为地图分析游人行为时空分布模式，从而理解游人的使用偏好（Goličnik & Marušić，2012；Marušić，2011；Orellana et al.，2012）。其中，Goličnik 和 Thompson（2010）在 GIS 平台上对多个公园游人时空分布进行模式分析发现游人动态活动普遍分布在空间边界（林缘线或路缘）4m~7m 处，同时指出游人活动存在相互作用影响，其领域间普遍存在 4m 左右的空间，证实了霍尔（1990）早年提出的 3.66m 的社会距离；另一类研究在前者基础上引入统计学工具，将游人活动和公共空间特征归纳为若干变量进行关联性研究。如 Adinolfi 等（2014）选取西班牙的 10 个城市公园作为研究对象，应用多元回归模型从宏观上对游人来访情况与公园特征的相关性展开探索，为公园后续改造提供了指导和依据。Baek 等（2015）在美国纽约州进行的研究中将公园空间划分为 7.5m 边长的样本区域，应用地理分析工具和多元线性回归模型解析样本区域的场地特征对儿童游憩活动的影响。这一类研究框架允许研究者考虑较为全面的影响因素，具有精细、量化的优点，且研究对象也由现象深化为影响机制，因此，此类建立在时空行为定量分析上的研究逐渐成为环境行为学的热点（Thompson，2013；柴彦威等，2012）。

2.2.2 西方规划界的人本主义思潮

1. 人本主义的内涵

人本主义（Humanism）在《简明不列颠百科全书》中描述为“一种思想态度，它认为人和人的价值具有重要意义”。可从广义和狭义两个层次来理解人本主义：广义上，可理解为以人本身为出发点和最终归宿来研究人的本质、人与人的关系和人与自然关系的理论；狭义上，可理解为单一层面上以对人的关切为主要内容的思想倾向。具体而言，广义上的人本主义既具有社会政治和伦理道德层面的意义，也具备世界观和人生观的重要意义；狭义上的人本主义具有伦理原则和道德规范的意义，包括了尊重人性、自由、尊严和价值等内涵。在人居环境建设领域，西方人本主义规划的内涵在不同时期处于演进变革的过程中。总体而言，西方人本主义规划思潮主要经过了 5 个阶段，分别为“确立—强化—提高—激进—升华”。

早在古希腊时期，就确定了人在城市中的主体性地位，进而推动了人的理性思辨的发展，这成为后世西方城市规划科学化和人本化发展的理论源头（柏拉图），并为西方人本主义规划思潮发展奠定了良好扎实的基础（希罗多德）。囿于当时的物质条件，古希腊时期对于人、城市、自然及三要素之间相互关系的理解是在原始自觉基础上建立的。值得注意的是，当时城市的规划和建设虽然为当事人提供的物质条件相对有限（刘易斯·芒福德，1961），但同时极大地促进了当事人精神世界的发展，还使城市在某种程度上而言成为“人的本质的外化”。

人本主义规划思想在古罗马时期开始，表现出了显著的特征。这一时期人本主义规划思想的核心可概括为“摆脱宗教对人性的束缚，摆脱自然因素对物质条件的限制”。但由于古罗马时期的贵族沉迷于物质享受，无法自拔，导致古罗马最终不仅丢失了可贵的城市精神，也走入了物质主义的困境。文艺复兴运动极大地调动了人们的主观能动性，人们开始反抗宗教神学的束缚和桎梏，也促使自下而上的城市规划建设成为这一时期广大市民的自觉行为。维特鲁威认为这一时期相较于古希腊时期，人们更加尊重自然和历史、更加强调人的需求和地位。总结而言，人本主义规划思想在文艺复兴时期得到了深远的发展。

随着工业的发展，新的阶级和新的生产方式应运而生。人们开始试图反抗社会的不合理制度、摆脱阶级压迫，开始更广泛地关注社会底层人民的生存情况。建立理想的人居环境、实现社会公平成为这一时期人本主义规划思想的核心和时代特征（贝纳沃罗，2000）。孙施文（2007）认为这一时期正式开启了人本主义规划思想去阶级化的阶段，人本主义规划思想的内涵也得到了极大的扩展和巩固。

进入现代以后，建筑师们对上一阶段人本主义规划思想的发展方向进行了充分肯定，并在此基础上提出了“人民城市”的主张和现代城市规划理论，通过具体建设实践来表达对广大人民居住和生活状况的充分关怀。但这一时期被认为是人本主义规划思想发展中较为激进的阶段，过于浓厚的英雄主义色彩无法充分发挥广大市民的主观能动性，导致形成了人的理性片面高扬的局面和“精英主义”，最终削弱了人的主体性。到了现当代，人本主义规划思想开始逐渐完善，并在批判和自我批判中螺旋式前进，在各个方面取得了长足进展。这一时期主流的城市规划思想，开始以人的永续发展为核心内容，并更加注重人的价值理性和主体性。

2. 人本主义的规划思想

人本主义是关于人类价值和精神表现力的思想，它最早起源于文艺复兴时期。“二战”后西方城市问题愈加尖锐，实践者尝试从旁系学科的视角来重新审视人类生存环境的建设问题。英国的城镇景观学校中因不满 CIAM（国际现代建筑协会）的思想而另组织十人小组（Team10）的几个原 CIAM 成员以及荷兰的一些建筑师提出了城市规划中的人本主义思想，实际上是一些规划设计意图、技术与理念的集合。该思想追本溯源来自文艺复兴时期的人文主义传统思想，意在呼唤城市中一度迷失的人文精神，以人为核心的人际结合以及将社会生活引入人们所创造的空间中是其基本主题。

人本主义规划思想的特征包括如下几点。

（1）强调规划设计中社会文化的融合与多元化

人本主义者认为人际交流产生的文化是城市的本原。文化的交融贯通与多元化是城市的特色所在，单一化是愚昧而乏味的。城市应反映出市民不断递进的物质生活和精神方面的需求以证实其超越时空的文化价值与模式。正如 Team10 成员艾德·范埃克所言：将旧的事物整合融入新的事物，并重新发掘反映人类本质的古老原则的时代已经来临。

（2）提倡城市建设应为连续渐进式的小规模开发

主张了解与强化已经存在的根本的社会结构，避免大规模生硬的几何图形设计。认为城市发展建设是一个连续渐进式的改变过程，而不是激进的改造过程，城市是生成的，而不是造成的。城市的使命就是让人有宾至如归的感觉。

（3）“人”的场所塑造的主题思想

人本主义设计师强调人性尺度的设计，他们向城市过去的建设经验学习，从地方性的传统中借用如市民广场、乡土建筑或建筑小品、人行步道的设计品质和式样，将这些从过去引用的内容转换为现代设计手法，使场所具有宜人的空间尺度，在视觉上更能吸引人的注意。他们认为城市中心应是一个可增加人生经验的活动场所，这种经验的亲密性与丰富内涵须与市中心的使用效率协调一致。如同艾德·范埃克所说的：“近代建筑师不断强调什么是在我们这个时代里与众不同的特色，以至于他们将城市不同时代里所具有的相同特色也失落了”。

（4）提倡规划为全社会服务

人本主义者期望市民将身处的环境“据为己有”并使之成为真正属于自己的城市，城市不应该是既成事实而无法更新的居所，市民应该有自己的想法去创造他们所需的环境。一个人本身越能影响其所在的环境，则他越能够关注环境。为此，要求规划提供最原始且未加工过的材料，它包含了一些建设意图，每个市民可从其中准确地获得能引起其共鸣的信息，并在某一特定状况下做出自己的决定。

（5）鼓励城市环境的混合使用

城市特色来自对环境丰富的混合使用，如珍·雅可布所说的：有组织的复杂性。城市应鼓励土地、建筑物与建筑群的混合使用，真正融合土地使用与活动重叠的过渡地段是必要的。例如在人本主义者眼中，街道是为了“适合人居住”而开发的地方，当这样的街道缓和了交通的危险、嘈杂与污染时，其步行道就会成为居民邻里生活的舞台。

3. 人本主义下的环境行为学框架

1951 年，德裔美籍心理学家勒温（Lewin）提出一个著名的公式：B=F（P，E）。在此公式（即模式）中，B 表示行为（Behavior），F 表示函数，P 表示个体（Personality），E 表示境（Environment）。公式表明：人的行为是个体 P 与环境 E 的关系函数，即行为随着个体和环境这两个因素的变化而变化。人的行为是自身的个性特点和环境共同相互作用的结果。

环境行为理论强调人与环境的相互作用，环境行为可以理解为人与环境相互作用的外在行为反映。具体来说，人有所行为是为了达到一定的目的、满足某种需求，而这种行为却是人的心理受到环境影响后做出的反应，当人的需求得到满足，新的环境也就形成，新的环境又会对人产生新的影响。人与环境始终处于一个相互作用的过程中，人不仅能积极地改造环境，同时也受环境影响。以人为本的空间就是要合理利用人的行为与环境的相互关系，使空间顺应人的行为模式。

环境行为学部分基本理论来源于社会心理学和人类学等领域，其中的应用性理论可以解释人的一些行为习惯和心理倾向，这些理论包括感觉、知觉、认知理论，马斯洛层次需求理论，空间行为研究等。

（1）感觉、知觉、认知理论

环境行为学以人的行为心理为基础，将行为心理学分别从“感觉”心理、“知觉”心理、“认知”心理 3 个层面进行研究，其中基础理论大部分来源于人类学和心理学，对心理学知识进行了解很有必要。感觉是指人们对客观事物产生的主观映像，它主要反映事物的个体特质，人们以感觉了解客观事物的属性和特质。知觉是指在人们在感觉基础上全面反映客观事物并将反映的信息进行整合和判断。认知是指人们获取知识，并对知识进行加工的过程。其中也能将感觉与知觉统称为感知，这是人类主动探求外界信息与知识的过程。

“感觉”是意识和心理活动的内在统一，是人脑接受外部事物、认识和了解事物的心理过程。空间尺度的人性化、环境设施尺度的宜人化都能加强人在空间中的安全感；空间的舒适感主要体现在色彩应用、环境设施的配置以及对当地气候特征的考虑等。对于空间的尺度和空间布置是否便于人们日常使用；位置、距离和方向，与道路、绿地、小街道等的互动关系；本身的组合关系以及是否符合人体工程学及其舒适性，满足舒适要求等因素往往会给使用者以直观的感受。

“知觉”层次主要理论有格式塔知觉理论、生态知觉理论和概率知觉理论。格式塔知觉理论是以现象学作为基础，强调经验和行为的整体性，认为整体不等于部分之和，意识不等于感觉元素的集合，行为不等于反射弧的循环。格式塔研究专家最突出的研究成果就是把物体理解为背景上的图像，图像和背景能够让我们更简单地了解这个繁复构架中的简单图形。结构上的简化能够从 3 个角度来研究。

生态知觉理论由吉布森提出，强调人类的生存适应。本能的行为习性也源自本能的情感反应。生态知觉认为知觉是一个有机的整体过程，人感知到的是环境中有一个分开的孤立的刺激物；并且认为知觉是机体对环境进化适应的结果。进化的成功需要精确反映环境感觉系统的发展，因此，机体的很多知觉反应技能不是沿袭下来的，而是遗传进化的结果。

概率知觉由布隆斯维克提出，更重视在真实环境中试验所得出的结论，重视后天知识、经验和学习的作用。概率知觉认为人在环境中起着极其主动的作用。为了使人们更真实地认识环境，人们需要对环境加以判断的全部有关概率的存在性。概率知觉针对环境的建设者、规划者和管理者而言存在两种含义。一方面，根据各种环境的功能属性适宜地利用确定和非确定性；另一方面，坦诚自身的认知和环境用户需求之间的距离，进而让自身可以相对积极和客观地努力去掌握和实现其需求。

在人居建设学科中，“认知”是通过一系列的心理活动构成的整体流程，个体能够利用这一流程获得常规空间中相关区域和现象性质的资讯，此类资讯包含方向、区域、距离和组织等。空间认知包含系统全面的空间问题的处理，首要依靠环境感知，能够利用感官获取环境信息，利用视觉感知交通、障碍物、边界和其他环境特点来搜集我们对环境感知的构成要素，而这些要素也是人类记忆的构成元素。

（2）马斯洛需求层次理论

马斯洛将人类的需求划分为 5 个层级（图 2–1），最基本的为生理需求，也是一个人能够生存的最低要求；再向上一个层级为安全需求，是解决基础温饱后的安全问题；第三级为社交需求，是解决人不能够孤立存在，许多方面需要协同协作的问题；第四级为尊重需求，是对于人在社会中时刻都需要别人给予尊重的阐述；最高级别为自我实现的需求，是表述人在资源充足时最渴望实现自己的信念与理想。各种需求层层递进，影响人的心理与行为。

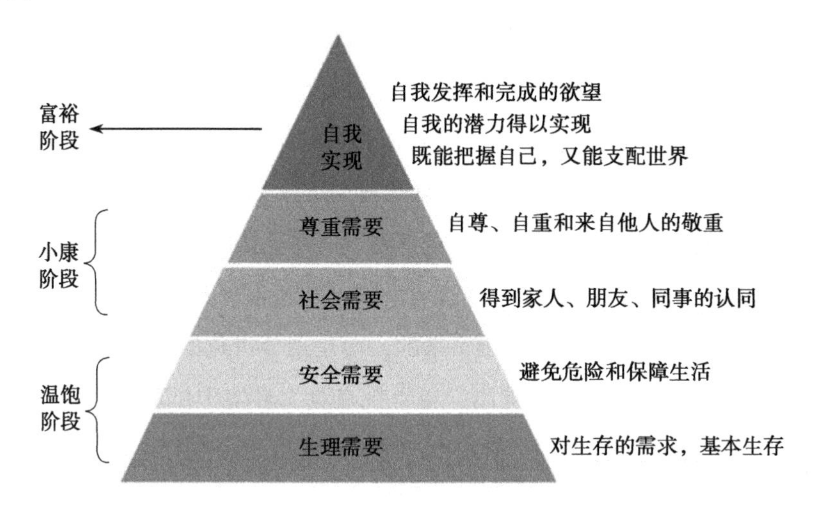

图 2-1　马斯洛需求层次理论

（3）空间行为研究

空间行为是透过现象研究人使用空间的固有方式，即人如何使用空间作为人际交往的手段。其中个人空间、私密性与领域性是其基本内容，三者相互联系又有所区别。个人空间即人们在心理上所需要的与其他人交流时所保留的空间范围，也可将之称为身体缓冲区。个人空间受文化种族、年龄性别、亲近关系、社会地位、个性、环境以及个人情况的不同而有所区别。人类学家霍尔在《隐匿的尺度》中把人们在进行人际交往时所保留距离分为了 4 种，第一种为亲密距离（0m~0.45m），为亲人或情侣间亲密交往的距离。第二种为个人距离（0.45m~1.30m），即个人能够进行身体缓冲的距离。第三种为社交距离（1.30m~3.75m），即个人与友人进行交往时保留的舒适距离。第四种为公共距离（大于 3.75m），主要为个人在公众场所需求的一定范围的隐私距离。

人们对空间还需要私密性和领域性，这是由人们的生物学、社会学及主体性决定的。私密性是指人在独处或者与人交流时所需求的一种能够自由地自我选择和控制的生活方式，当人的控制能力得到增强，对设计的感觉就会越满意。领域性是指个人或者多人形成的群体为满足自身的需求，希望拥有或者占有的能够被自己控制的一定范围的空间或区域，在领域的范围内，个人或群体会有归属感或者防卫的行为，当其他个体进入领域的范围之内时，领域中的群体会对其具有排他性。

（4）行为场景理论

行为场景为需要的人们提供某些活动的场所，可以诱发某些固定的行为模式发生，是遵循着时间流逝规律的场所。其研究主要是基于现场的调查，对于场所环境的效果以及作用进行一定的预测，再与实际的行为情况作比对，通过行为的差异，发现一些空间环境中所存在的不足或异样，从而对环境信息进行行为的反馈。对于现实环境中自然发生的行为进行现场观察记录，将所观察到的行为情况与所预测的行为情况相比较，从环境的物质要素特点与使用者行为现象之间的联系进行分析，从而提升场所的使用效率以及满意度，对于场所的空间质量提升有着良性促进的效果。

（5）时空行为理论

行为是人对空间的客观反映，行为活动的目的和动机是人产生行为活动的前提。社会环境与空间环境之间存在着有机联系，空间环境能够塑造人的行为，研究行为的目的在于探讨行为和空间环境之间的辩证关系。行为科学以行为作为研究的内涵，重点研究社会环境中人类行为产生的根本原因及行为规律。

近年来，GIS 平台对于多尺度、多内容时空数据的分析技术已逐渐成熟，地理时空数据分析技术的发展促进了时间地理学的深度融合，大大改善了复杂人类时空行为研究的技术环境（陈洁等，2016；王劲峰等，2014）。时空 GIS 研究（Space-Time GIS）面向地理时空数据的建模、分析手段可用于揭示和模拟地理事物时空格局和变化规律等传统统计分析无法涉及的崭新方向，为人类环境行为提供了新的基础方法支撑（Goodchild et al.，2015；萧世伦等，2014；Anselin，1988）。同时，随着计算机数值模拟技术的发展，地理仿真模拟方法为研究复杂性地理问题提供了新的实践工具。其中，人群仿真模型技术通过研究人群在各种环境、情景下的运动特征与规律，在虚拟环境中模拟和展示复杂人类行为系统，被普遍认为是可有效辅助规划方案制定和评估工作的直观、灵活的工具（Li et al.，2017）。时空 GIS 和地理仿真的应用研究已经在城市建设用地预测分析、城市交通规划和通勤研究等领域取得重要进展。

2.2.3 中国环境行为学理论发展

我国在这一领域的研究起步较晚，20 世纪 80 年代初，我国学者通过出国学术访问、翻译著作等一系列活动，陆续从欧美、日本等发达国家引入有关的理论和方法，并逐渐引起国内学术界的广泛关注。1982 年，清华大学李道增教授指导自己的第一位研究生，顺利完成硕士论文“环境行为研究初探”。李道增教授的著作《环境行为学概论》将环境行为学的理论方法引入到风景园林等相关专业体系中，为推动我国相关研究作出了很大贡献。90 年代开始，环境行为研究引起更多的学者关注，1993 年 7 月，吉林市举办了我国“环境行为学”领域第一次学术会议“建筑与心理学”学术研讨会。1996 年中国环境行为学会（EBRA）正式成立，学会的宗旨是从理论和实践两个方面提升环境设计与行为、心理的跨学科研究，促进与海外相关学术团体的交流与合作。这标志着中国环境行为研究进入稳定的发展阶段。21 世纪以来，大量学者开始密切关注与探讨城市建成环境与人的行为活动之间的关系，进而解析城市建成环境对人的行为活动的影响程度以及城市建成环境中行人活动的时空分布特征。余汇芸和包志毅教授（2010）以杭州太子湾公园中的游人作为研究对象，借助监控录像结合实地调研及访问调查进行数据收集，剖析游人在不同时间、空间中行为特征的动因。同济大学徐磊青、卢济威教授等对步行街公共空间特征与行人停憩活动的关联开展研究，取得了具有启发性的成果。上述研究为我国环境行为学研究提供了良好的研究基础。回顾环境行为研究进入中国这短短 20 来年的时间，不论在研究内容的深度和广度，还是在教育培养计划或对外交流上都有了很大的进步，并表现出强劲的发展势头。

2.2.4　当代中国大城市居民出行需求及出行行为选择

城市聚集了高密度的人口和社会经济活动，是一个极其复杂而且处于动态变化中的巨系统。居民在城市的不同场所完成的上班、家务、娱乐、购物等活动以及场所间的空间移动构成了庞杂的城市活动系统的主体。出行行为作为城市活动系统内部的动态联系，实际上是人们日常活动中派生出来的交通活动，反映了居民在城市中的时空参与性。

1. 出行活动类型

在对居民出行活动类型分类时，以城市居民各类出行为研究对象，全面考虑居民的通勤出行及非通勤出行情况，同时综合考虑居民的出行目的以及出行活动链接的情况，将居民出行活动类型分为典型工作出行模式、混合出行模式以及休闲出行模式3类。典型工作出行模式是指居民出行行为以通勤上班上学等有规律的固定出行为主，出行过程中没有其他链接活动；混合出行模式是指居民除了固定的工作出行以外，还有其他非工作的链接活动；休闲出行模式是指居民的出行行为为无工作出行，出发时间不固定，出行目的主要以外出购物、休闲娱乐、接送孩子等活动为主。

2. 出行行为选择

随着社会经济的发展，人们的生活水平在不断提高，人们对出行的需求越来越高，出行的频率越来越大。同时，家庭收入的增长使许多家庭有能力购买小汽车，小汽车在家庭中的普及使出行者出行的范围和活动的空间不断扩大，出行行为变得越来越复杂、多样化。因此，出行者为了在出行过程中减少其出行时间、距离等成本，多愿意采取出行链的形式进行出行活动。

居民采用非链接出行和链接出行参与的3种活动，如图2–2所示，如果居民以非链接形式出行，则需要6次出行才能完成3种活动，但以链接方式出行，只需要4次出行就能完成3种活动。这说明了居民采用链接方式出行时，能节省出行成本，降低出行次数，这有利于使出行过程的效用最大化。

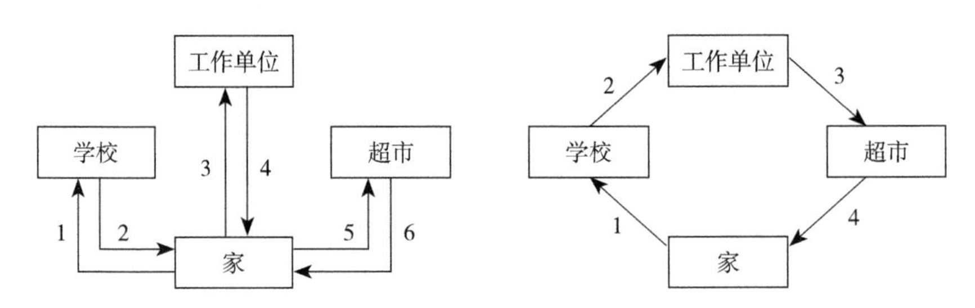

图2–2　居民出行非链接形式（左）；居民出行链接形式（右）（图片来源：自绘）

出行链的出行分析方法认为居民日常的行为活动是相互关联的，出行的目的就是为了实现某一活动，因此实现这些行为活动的出行也是相互联系的。同时，该方法从出行活动的个人自身条件、家庭结构、时间空间约束等因素考虑了出行行为活动，在分析研究出行活动的过程中包含了大量有关出发时间、出行时间、出行距离、出行方式和活动类型的出行信息。

3. 影响居民出行的影响因素

影响居民出行活动类型、出行方式、出发时间选择的因素有很多，可以根据居民的个人属性、家庭属性、出行属性及交通设施服务水平等进行分析。

（1）个人属性

个人属性是指出行者的个人特征，主要包括出行者的年龄、性别、职业，对居民出行选择具有重要影响。

首先，性别不同，出行方式的选择也有所不同。一般而言，女性的出行频率比男性高，生活类出行也明显高于男性。男性一般以工作出行为主。

性别特征在交通工具的使用上也表现得十分显著：一般而言男性机动车的利用率较女性高，女性主要以步行和公共交通方式出行为主。这主要是因为女性对出行的安全性要求比较高，所以倾向于选择稳定、安全系数高的出行方式。

其次，出行者的年龄不同，对出行方式的选择也有所不同，根据相关调查，老年人和未成年人主要选择步行和公共交通为主要出行方式；年轻人、中年人以机动车为主要出行方式，中青年人的出行次数明显高于其他年龄段。

再次，出行者职业不同，出行的特点、习惯和需求有所差异，因此所选择的出行方式也会有所不同。根据相关调查，上班、上学的出行者以公交和步行为主要出行方式；家庭劳动者、退休人员则以步行为主要出行方式。

（2）家庭属性

家庭属性包括了家庭收入、家庭拥有交通工具数量和家庭儿童数量等情况。家庭收入的高低对出行有很大程度的影响。这是因为居民家庭的经济收入决定了居民出行时的成本。经济收入高的家庭通常对出行费用不太关注，注重的是出行的方便及效率，而家庭收入少的居民对出行的费用较为敏感，多倾向于自行车和公共交通出行，同时也影响出发时间。家庭拥有交通工具数量对居民出行的选择也有很大的影响。拥有小汽车的家庭出行时一般都采用小汽车出行，而拥有自行车的家庭出行时也会首先考虑采用自行车。交通工具拥有量越大，采用相应的交通工具出行的概率越高，同时对出发时间的选择也有很大影响。家庭儿童数量对出行活动类型会产生影响，有上学的孩子，有可能需要大人接送，因此在出行过程中会产生非工作的链接活动，同时相应的也会对出行的出发时间产生影响。

（3）出行属性

出行属性包括出行距离、出行目的等多个方面，出行的弹性程度不同，选择的交通方式及出发时间也有所不同。当出行距离较远时，机动车为居民的主要出行方式，同时出发时间也会相应较早；当出行距离较短时，步行、自行车成为首选，出发时间也会相应较晚。因此出行属性对出行者的出行选择也有影响。

出行距离是指居民在一次出行过程中从出发点到目的地之间的距离。不同的出行方式所适宜的出行距离有所不同，这种差异在机动车与非机动车之间体现得尤为明显，根据合理的出行距离选择合适的出行方式和出发时间，是居民每次出行前须考虑的问题。

出行目的是指居民出行活动的目的。由于出行者的出行目的不同，对不同出行方式选择的侧重点也会有所不同。例如，工作、上学对时间的要求较高，这就要求选择快捷的出行方式，出发时间也较早；生活、娱乐等休闲活动对舒适性的要求较高，这就要求在选择出行方式时将舒适放在首位，出发时间也相对较晚。

（4）设施服务水平

交通设施服务水平主要包括出行时间和出行费用。

出行时间是指在完成出行活动时所花费的时间总和，包括换乘时间、候车时间、车内时间等。由于居民对出行时间较为敏感，因此在出行方式和出发时间选择方面通常将出行时间作为重要考虑因素。例如：出行时间越长，对出发时间越有相应的要求，同时也会选择便捷的交通工具。出行时间短的居民一般采用步行或自行车方式出行。

出行费用指居民出行时所花费的成本。出行的费用对居民出行时选择交通方式有重要的影响。某种交通方式出行的费用较高的话，部分居民会选择以其他交通方式出行。例如，采用公交车出行费用较高的情况下，居民会更倾向于采用自行车或步行出行。

2.3 城市建成环境研究

2.3.1 城市建成环境的内涵

建成环境是一个多面性术语。目前对于城市建成环境并没有统一的定义，社会学、经济学、生态学、心理学、建筑学等不同学科对其有着不同的定义。大多数人居环境学科的学者们认为建成环境是指人工建造的为人类活动提供的物质环境，包括房屋、学校、工厂、公园、商业区和道路等，还可以拓展到空中的电线、地下的地铁、垃圾通道等。其内涵的广度和多样性导致了描述建成环境的具体要素指标的复杂性。

“建成环境”（Built Environment）一词最早由美国著名学者拉普卜特提出，他在其著作《建成环境的意义——非语言表达方法》一书中指出：根据构成要素性质的不同，可以将建成环境划分为 3 种类型，分别是不可移动元素组合体、部分可移动组合体和可移动元素组合体。Cervero 和 Kockelman（1997）将建成环境定义为城市景观的物理特征，其尺度可以是城市街道与商店，也可以是城镇大小。从城市规划的视角出发，Handy 等（2002）将建成环境定义为包括城市设计、土地利用、交通系统以及人类活动的物理环境组成的综合模式，包括多维城市建成环境、区域建成环境、住区建成环境、建筑建成环境等不同内容，在评估建成环境对居民行为活动的影响时，应该在不同尺度上对建成环境要素进行分别测量。城市设计是指城市及其物质要素的设计，包括外观和排布情况，关注公共空间的功能及其吸引力；土地利用指的是不同土地用途和活动类型的空间分布，包括各类活动的位置和密度等；交通系统包括了提供人、场所、活动联结的路网结构，以及与交通相匹配的服务水平，如公交频率等。Frank 等（2003）同样将城市建成环境划分为土地利用模式、交通系统、城市设计 3 个层面，土地利用模式反映居住、商业、工业等用途在空间中如何分布，影响起讫点之间的临近性；交通系统为活动之间提供了连接，影响个体从出发地到达目的地的容易程度；城市设计特征影响出行个体的安全感知和吸引力判断，并最终影响个体是否步行的决定。Brownson（2009）认为城市建成环境是社区的一种物理形式，包括土地使用模式、建成环境规模、自然特征和交通系统。

综上，关于城市建成环境的定义都围绕人群、活动以及活动所发生的人工建造的物理环境这几个核心要素。人及人群活动是城市建成环境空间活力的主体和外在表现，而人工建造的物理环境作为人群活动的物质载体，通过自身的空间特征影响人群活动。本书中城市建成环境指大型城市环境在内的为人类活动而提供的人造环境，不仅包含土地使用类型、城市空间结构等宏观层面的环境要素，也包含土地使用、土地混合使用、街道设计和公共辅助设施等中微观层面的环境要素。

2.3.2 城市建成环境指标和框架

1. 建成环境指标的总体框架

建成环境的指标测度一直是西方城市规划学的重要定量研究分析基础。城市建成环境衡量指标的早期研究侧重城市宏观尺度，关注城市整体的空间结构和城市物质空间形态，主要包括土地利用类型、城市基础设施（如公交设施拥有情况）、城市形状、路网结构等。后续学者们的研究范围拓展到了城市社会人口相关结构，对城市的人口规模与密度、城市的就业分布特征、职住关系等一系列结构特征进行分析，但未形成统一的分析框架。20世纪90年代以来，随着微观空间与行为数据的丰富，社区尺度建成环境研究成为主流。1997年Kockelman等在规划层面上提出了基于密度（Density）、多样性（Diversity）和设计（Design）这3个方面特征构建城市建成环境的“3D”指标体系，得到了学术领域的广泛认可和运用。Cervero等（2016）在步行与自行车出行的相关研究中，将“3D”模型拓展到“5D”，增加了公共交通站点的临近度和目的地可达性，前者描述了公交服务如何吸引出行者步行和自行车出行的到达和离开，后者描述城市出行者进行日常活动的方便程度，形成了城市建成环境“5D”模型。目前，“5D”指标体系已成为国内外建成环境量化分析的主要指标框架。Cervero同时指出，城市高密度的开发通常会导致用地的多样性、与其他地点临近度提升以及高服务水平的公共交通等，所以这些城市建成环境的变量并非互不相关。之后又有学者把需求管理和人口统计特征加入到城市建成环境影响居民出行的重要因素之中。

总结前人研究，本书将城市建成环境分为城市土地利用、交通系统、和城市设计、多样性要素 4 部分。土地利用范畴的要素指标一般包括总用地面积、居住（住宅）用地面积、人口密度、职住平衡、容积率、绿地率、土地用途混合度、设施密度、目的地空间距离、目的地网络缓冲区等；交通系统要素指标包括道路整合度、连接度、深度图、可理解度、路网密度、交叉口密度、尽端路比例、可达性等；城市设计范畴的要素指标一般包括街道宽度、人行道宽度、有无行道树、有无人行横道、有无交通信号灯、建筑材料、有无绿化、街道 D/H 比（沿街植物、构筑物以及建筑物的立面高度为 H，街道宽度为 D）、街道小品等；多样性要素量化指标具体包括功能混合度、水体比例、兴趣点（Points of Intrest，POI）密度，其中 POI 密度又细分行政办公类 POI、教育文化类 POI、商业及金融类 POI、商业消费类 POI、政府及公共服务类 POI、住宅区类 POI，共计 6 种，如表 2–1 所示。

表 2–1　城市建成环境的衡量指标

城市建成环境要素	指标量化方法	内容目的
土地利用	总用地面积、人口密度、职住平衡、容积率、绿地率、土地用途混合度、设施密度、目的地空间距离、目的地网络缓冲区等	反映各类用地利用情况及市民职住分布情况
交通系统	道路整合度、连接度、深度图、可理解度、路网密度、交叉口密度、尽端路比例、可达性等	反映城市交通完善度及市民出行要求
城市设计	街道宽度、人行道宽度、有无行道树、有无人行横道、有无交通信号灯、建筑材料、有无绿化、街道 D/H 比、街道小品等	反映城市街景设计效果及环境特征
多样性要素	功能混合度、水体比例、POI 密度（行政办公、教育文化、商业及金融、商业消费、政府及公共服务等）	反映市民的城市公共空间使用需求

2. 土地利用相关指标与量化方法

根据我国住房和城乡建设部公告，自 2012 年 1 月 1 日起实施的编号为 GB50137—2011 的《城市用地分类与规划建设用地标准》为国家标准，现行城市建设用地分类如表 2–2 所示。

表 2-2　城市建设用地分类

简称	城市建设用地分类	英文
R	居住用地	Residential
A	公共管理与公共服务用地	Administration and Public Services
B	商业服务业设施用地	Commercial and Business Facilities
M	工业用地	Industrial
W	物流仓储用地	Logistics and Warehouse
S	道路与交通设施用地	Road，Street and Transportation
U	公用设施用地	Municipal Utilities
G	绿地与广场用地	Green Space and Square

土地利用范畴的相关要素指标一般包括总用地面积、人口密度、职住平衡率、容积率、绿地率、土地用途混合度、设施密度、目的地空间距离、目的地网络缓冲区等，指标测度方法有如下几种。

（1）用地面积

用地面积是按土地使用的主要性质划分的各种建设用地的面积。城市土地使用的主要性质可分为居住用地、公共设施用地、工业用地、仓储用地、对外交通用地、道路广场用地、市政公用设施用地、绿地、特殊用地、水域和其他用地等。

不同用地的面积并不只单纯包括其本身所占用的土地面积，也包括一些直接为其服务的建设用地面积。如城市的“工业用地面积”包括工矿企业的生产车间、库房、堆场、构筑物及其附属设施（包括其专用的铁路、码头和道路等）的建设用地面积。

居住用地面积包括住宅及相当于居住小区及小区级以下的公共服务设施、道路和绿地等设施的建设用地面积。

建筑用地面积：指建筑或建筑群实际占用的土地面积，包括室外工程（如绿化、道路、停车场等）的面积，其形状和大小由建筑红线加以控制。

建筑密度：表示单位土地面积上建筑的占地率，具体指样本单元空间内所有建筑的基底总面积之和与样本总面积之比，能够反映样本空间的空地率和建筑覆盖的密集程度。建筑密度越高，表示城市空间的集约利用程度越高。现有研究发现，建筑密度能够体现出步行环境的设施水平，促进居民步行出行（Chatman，2008）。

（2）人口密度

人口密度是单位面积土地上居住的人口数。它是表示范围人口密集程度的指标，也是城市特定用地组成和开发强度的表征。通常以每平方千米或每公顷内的常住人口为计算单位。一般认为人口密度较高的区域，城市活力相对活跃。Saelens 等（2003）总结相关研究大多认为较高的人口密度往往伴随着较多的步行和骑行活动。Boarnet 等（2008）通过居民全天出行调查来探索土地利用变量与出行行为之间的关系，所使用的具体指标包括了调研区域内的人口密度、零售商业的就业密度和总体就业密度 3 种衡量指标，并通过研究发现居住在人口密度较高的街区的居民步行出行更加频繁。刘庆敏等利用调查问卷和统计学分析方法，分析评价杭州市城区人群对建成环境的主观感知，发现人口密度的得分较高，大专以上文化程度的居民与人口密度感知的得分呈现正相关。

（3）职住平衡

职住平衡是指在某一给定的地域范围内，居民中劳动者的数量和就业岗位的数量大致相等，大部分居民可以就近工作的情境。其意义在于，职住平衡较好的区域中，通勤交通更易于采用步行、自行车或者其他非机动车方式；即使是使用机动车，出行距离和时间也比较短，限定在一个合理的范围内，这样就有利于减少机动车尤其是小汽车的使用，从而减少交通拥堵和空气污染（Cervero，1991；Giuliano，1991）。

职住比是职住平衡的常用量化指标，指一定范围内就业岗位与居住人口的比值，职住比直观反映了区域职住数量的平衡度。一个地区职住比越高，就业环境比重越大；职住比越低，居住功能比重越大。一个城市现状职住比也直观反映了常住人口中的就业人口比例。

（4）容积率

容积率是指一定地块内总建筑面积与建筑用地面积的比值，计算公式为：容积率 = 总建筑面积 / 总用地面积。现有研究普遍认为，城市区块容积率与市民活力有显著关联。比如刘吉祥等（2019）发现职员步行通勤百分比与容积率存在正相关。吕帝江在研究广州地铁客流影响要素时选取容积率作为 28 个影响站点客流的因素之一，发现容积率对站点客流具有显著正向影响。

（5）绿地率和绿化覆盖率

绿地率是指城市一定地区内各类绿化用地总面积占该地区总面积的比例。具体计算方法为绿地率 = 一定地区内各类绿化用地总面积 / 该地区总面积。各类绿化用地总面积包括公共绿地、宅旁绿地、道路绿地、公共设施辅助绿地（不包括屋顶绿化和垂直绿化，公共绿地内占地面积不大于百分之一的雕塑、水池、亭榭等绿化小品建筑可视为绿地）。

绿化覆盖率是绿化垂直投影面积之和与占地面积的百分比，比如一棵树的影子很大，但它的占地面积是很小的，两者的具体技术指标是不相同的。

（6）土地利用混合度

土地利用混合度是反映混合度最常用的指标。混合度较低，代表建成环境的土地利用类型较单一，反之则说明土地利用类型较为多元化。该指标是用来表征在城市的某一范围内所有的土地利用性质的混合程度，表达该区域的土地利用性质复杂程度。Frank 等（2008）采用土地利用混合熵的计算来表征多样性指标，用来探讨与居民出行链之间的关系。Learnihan 等（2011）在研究步行尺度时发现某一领域的类型越多，步行活动的数量越多。土地利用混合度和步行活动参与数呈明显的正相关。周热娜等（2012）通过综合总结国内外相关研究，认为土地利用混合度是影响居民体力活动水平的重要因素。随着近年大数据研究的普及，许多学者运用 POI 数据强大的建成环境描述能力来表征土地利用的多元化，丰富了多样性要素的研究。

3. 道路网络特征要素

道路网络特征要素包括道路整合度、连接度、深度图、可理解度、路网密度、交叉口密度、尽端路比例、可达性等。其中道路整合度、连接度、深度图、可理解等多个特征都属于空间句法模型。

空间句法模型是一种描述空间模式的计算语言，为研究者进行城市空间结构特征分析提供了理论和工具。空间句法中所指的空间，不仅是欧氏几何所描述的可用数学方法来测量的对象，而且是更进一步分析空间之间的拓扑、几何和实际距离的关系。空间句法模型已经广泛应用于定量化探讨城市交通网络特征的分析。

（1）整合度

整合度是空间句法最重要的分析变量之一，指各种要素之间相互影响、相互联系的紧密程度。它能测量一个空间与其他空间的关系，即整合度高，则关联程度较高；整合度低，则关联程度较低。根据设定的范围大小，可以将整合度分为全局整合度和局部整合度。全局整合度表达的是在一个空间系统中某一个空间与其他所有空间的关系，所有的节点都在计算考虑之中；局部整合度则是一个空间与其他几步（最短距离）之内的空间关系，可以将可达的范围限定在半径 r 之内。

整合度指标的一个重要特征就是通过转换消除了系统规模的影响，因此不同大小的空间系统之间具有可比性。整合度可以剔除系统中元素数量的干扰，用相对不对称值来将其标准化，为与实际意义正相关，将 RA_i 取倒数，称为整合度。再用 RRA_i 来进一步标准化整合度，以便比较不同大小的空间系统。整合度值表达如下：

$$RA_i=\frac{2(MD-1)}{(n-2)} \quad 且 \quad RRA_i=\frac{RA_i}{D_n}$$

公式中 $D_n=\frac{2\{n[\log_2((n+2)/3)-1]+1\}}{(n-1)(n-2)}$ 是用来标准化集成度值的，n 是一个连接图的总结点数。

（2）连接度

连接度是描述交通网络特征的重要指标之一，反映了道路网络的连通性，连通性越高，表明路网成环成网率越高，反之则成网率越低。在空间句法理论中的计算方法为与第 i 个部分空间相交的其他部分空间数，在连接图中即表示与第 i 个节点相连的节点个数。

连接度的计算是将交通网络通过空间分割到连接图，从连接图可直接计算出。在实际空间系统中，若某个空间的连接值越高，表示其空间渗透性越好。

（3）深度值

深度值表征某一节点距其他所有节点的最短距离，是计算集成度的中间变量。

总深度值（Total Depth），表示每个节点距其他所有节点的最短距离之和。平均深度值（Mean Depth），是总深度值按照节点数进行平均化。

（4）集成度

集成度表征一个空间与其他更多空间的关系。集成度分为全局集成度（Relative Asymmetry）和局部集成度（Real Relative Asymmetry）。

全局集成度 RA 表征一个空间与其他所有空间的关系。局部集成度 RRA 表征一个空间与其他几步（即最短距离）之内的空间关系。

根据所考虑节点情况，集成度可以表示一个空间与局部空间或整体空间的关系；集成度越高可达性越高。

（5）可理解度

在空间句法理论中，可理解度是指街道网络的局部与整体之间的相关关系。可理解度高的网络，其局部与整体具有同构性，局部整合度高，其整体整合度也高；局部整合度低，其整体整合度也低。

希利尔对于可理解度概念曾这样论述："可理解度这一特性意味着我们从一个空间所能看见的（即有多少连接的空间）在多大程度上能够成为我们所不能看见的（即空间的整合）有益的指引。对于缺乏可理解度的系统，有着许多连接的空间往往不能很好地整合到整个系统中去，因此依据这些可见的连接将误导我们对这一空间在整体系统中的地位的认知。"

（6）路网密度

城市道路网密度是指城市建成区或城市某一地区内平均每平方公里城市用地上拥有的道路长度。

依道路网内的道路中心线计算其长度，依道路网所服务的用地范围计算其面积。城市范围内有不同功能、等级、区位的道路，以一定的密度和适当的形式组成的网络体系结构。城市道路网内的道路指主干路、次干路和支路，不包括居住区内的道路。

计算方法：路网密度 = 某一计算区域内所有的道路的总长度与区域总面积之比，单位为千米每平方千米。

（7）交叉口密度

道路交叉口是指道路与道路之间的相交处，包括十字路口、丁字路口和人字路口等。道路交叉口密度是道路交叉口的数量占道路总长的比例，或某一计算区域内所有的道路交叉口总数量与区域总面积之比。

（8）尽端路比例

“尽端路”是指尽端封闭的道路，是走到尽端只能走回头路，或者说入口和出口使用同一个通道的道路。

（9）公共交通邻近度

公共交通邻近度是指无论采取何种交通方式到达交通站点的便捷程度，通常用公交站点密度来衡量。若公共交通站点分布于步行舒适可达的尺度范围之内，人们选乘公共交通的意愿就越高；否则，人们选乘公共交通的意愿就会下降。王玉琢（2017）、Vance 和 Hedel（2007）在研究建成环境对居民机动车出行的影响时，将公共交通的可达性纳入建成环境指标，并以从居住地步行到达最近的公交站点的距离进行计算。研究发现，步行到公共交通站点的距离对居民机动车出行的里程数有一定的影响。Pushkar 等（2000）研究了居住地到交通换乘站点的距离对家庭机动车出行里程数的影响。结果表明，家庭机动车出行里程数与到交通换乘站点的距离存在显著的正向线性关系。

4. 城市设计特征要素

城市设计特征要素是形容区域内建成环境的空间特征要素，主要用公共空间环境尺度特征等变量来进行表征。

（1）街道宽度

道路宽度在城市规划中是指：只包括车行道与人行道宽度，不包括人行道外侧沿街的城市绿化等用地宽度，不包括路缘石宽度。

城市道路等级分快速路、主干路、次干路、支路，各级红线宽度控制：快速路不小于40m，主干道30m~40m，次干道20m~24m，支路14m~18m。这里街道主要讨论的是适于居民步行出行的街道。

街道宽度影响着居民步行的空间感受，街道两侧的开阔度以及绿化、建筑等景观都在影响着街道的心理宽度，就如同样宽度的两条街道，一条街道两侧是开阔的视野和一条两侧是高层建筑，给人的感受是不一样的，对居民步行出行的吸引力也是不一样的。

（2）人行道宽度

人行道是居民步行出行的重要场所，人行道的宽度影响着人们的通行以及人对空间的感受。人行道上包括行道树、座椅、路灯和垃圾桶等一些街道景观和服务设施，它们也会影响行人步行环境，以及行人的实际步行空间。

人行道宽度 = 某街道人行道总面积 / 某街道人行道总长度

人行道绿化隔离带比例是指步行可达范围内拥有绿化隔离带的人行道长度与步行可达范围内总人行道长度之比，即：

人行道绿化隔离带比例 = 步行可达范围内拥有绿化隔离带的人行道长度 / 步行可达范围内总人行道长度

（3）行道树

绿化在城市建成环境中占有很大比重，它改善了城市的生态环境，为居民的生活和公共活动营造了优美的、丰富多样的空间环境，也美化了城市的面貌。绿化可以是城市景观、公园，也可以是居住区绿化、街头绿地等。植物是绿化中的重要部分，是相对于道路和建筑等硬质景观来说，空间中唯一有生命的一种软质景观。植物随着四季的生长和变化呈现着不同的面貌，创造着动态和生动的城市景观。绿化是影响城市居民步行出行的重要因素，如植物营造的舒适的步行环境，行道树在居民步行中的遮阴效果，公园为居民步行提供的安全舒适的空间等。

因此在城市设计中，有无行道树对居民步行出行有一定的影响，适当配置的行道树可以美化空间环境、隔离人行道和车行道、缓解人在街道上行走的紧迫心理、增加行人安全、增强视觉景观效果。行道树还能为人们提供遮阴，行人停留时可以作为支撑物为行人提供依靠的地方。

（4）人行横道和交通信号灯

人行横道是引导行人横穿车道标志，可以使车辆暂停或减速慢行，避免或尽可能减少对行人造成伤害，也在一定程度上促进了居民的步行出行。

交通信号灯与人行横道一样，都是为行人穿过街道提供信息，保障了行人的人身安全和车辆的有序行驶，提高了道路交通的安全性和连续性。

（5）建筑材料

建筑是城市建成环境中的重要组成部分，有不同的风格、材料、形态以及色彩等。建筑的这些特性都对行人步行环境有一定的影响，而不同的步行环境营造了不同的空间氛围，对不同的人有不同的吸引力，直接影响着人们对建筑和空间的心理感受。

建筑材料可以对建筑物进行装饰，如质感、色彩、形式、透明度、图案和尺寸等，通过不同的设计和搭配营造不同的建筑风格和建筑形式。一些图案和形式等特性还可以起到引导行人的作用，打破了空间沉闷枯燥的氛围，丰富了空间的视觉景观，从舒适度、美学和趣味的角度对居民步行出行造成影响。

（6）街道 D/H 比

街道的宽高比，是对街道宽度 D 和沿街建筑高度 H 关系的反映。建筑的布局方式影响着街道或公共空间的形式和街道空间的宽度，也直接影响着居民步行时对建筑和空间尺度的感受。

根据芦原义信对街道空间的研究（图 2-3），当 D/H 比大于 1 时，随着比值的增大会逐渐产生远离之感；超过2时，则会产生宽阔之感；当D/H比小于1时，随着比值的减小会逐渐产生接近之感；而当D/H比等于1时，宽度与高度之间存在匀称之感，D/H比等于1是空间性质的转折点。

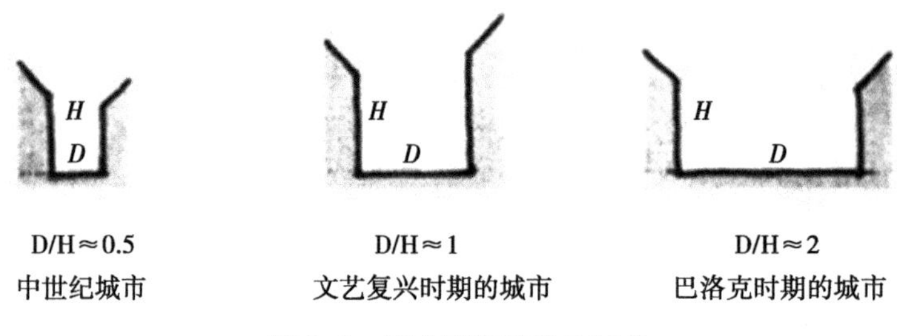

图2-3　意大利街道的D/H比

（图片来源：芦原义信的《街道的美学》一书）

（7）街道小品

街道小品是城市环境中的点缀，可以增加街道的趣味性，打破街道乏味的气氛，丰富街道的景观类型，营造浓郁的生活气息，为吸引居民步行出行增添乐趣。街头售货亭、装饰性路灯、花坛、座椅、雕塑、喷水池以及围墙等均属街道小品。

城市设计的这些指标要素都是公共空间组成的一部分。而公共空间是居民活动的重要场所，是构建一个城市可居性和宜步行性的最重要元素，它能够促进各种各样的活动，为居民活动提供安全舒适的场所。良好的公共空间可以增加居民步行出行的概率。

（8）空间亲水性

良好的生态环境对现代城市空间塑造的重要性不言而喻，湖泊水系等空间是城市公共空间的重要组成部分，公共空间内部本身存在大量丰富的人群活动，同时也会为周边服务提供潜在的服务人群，进而促进城市活力的产生。

王玉琢（2017）在上海中心城区城市空间活力的研究显示独立的绿地、水系等景观要素并不能整体上提升城市空间活力。反而由于其低密度的建设强度与单一的空间功能，使周边空间对人群及其活动的容纳力减弱，遏制了城市空间活力的规模聚集及扩散效应。

5. 多样性要素

正如简·雅各布斯在城市多样性理论中提出的“具有活力的城市本质上是城市生活的多样性与差异性”，城市人群的活动是产生城市活力的来源，而城市的空间及功能为城市人群活动提供了物质空间载体。同时多样的城市空间也为城市人群提供了更多的活动选择，满足不同城市人群的需求。可以说城市多样性来自于其空间功能的多样性。基于此，本书从用地功能的多样性及建筑功能的多样性两个方面对影响城市活力的功能性因子进行量化分析。

（1）功能混合度

城市是一个复杂的、系统的整体，其中城市的结构和形态是这个系统在空间上的映射，而功能则是城市结构和形态研究的核心内容之一，结合相关研究，本文采用信息熵来计算对功能混合度进行定量描述。信息熵的高低可以反映城市土地利用的均衡程度，熵值的大小表示混合程度的高低。

（2）POI 密度

功能的多样性是决定空间对活力的容纳承载力的重要影响因素，与城市空间活力密切相关。本研究以百度地图 POI 数据代表城市各类用地的数据源，按照城市主要活动集中的土地类型，分为行政办公类、教育文化类、商业及金融类、商业消费类、政府及公共服务类、住宅类 6 种类型，进一步判定单类 POI 密度与城市活力之间的关系。

6. 小结

由于城市建成环境与城市活力相关的研究在国内起步较晚，目前主要是将西方发达国家较为成熟的研究模式和理论应用于国内的案例，而西方城市的建成环境要素是否适用于中国城市仍值得更多的探索。如前文所述，密度、多样性和设计等“3D”指标均直接应对西方低密度、单一土地利用、汽车导向开发等城市蔓延特征。而中国城市面临不一样的城市扩张方式，许多大城市反而存在过高密度、高度混合用地和道路基础设施不足等问题。在中国城市背景下，如何测度和评估“5D”等建成环境指标是相关研究的难点和关键。同时，影响中国城市活力的建成环境要素是否有与西方不一样的特征，甚至不一样的类型学，均需大量的实证分析来完善。如何根据现有的基础数据更好地量化我国城市的建成环境要素，构建更加具有针对性的分析框架，更好地对接城市规划等政策指南，都是亟须解决的科学问题。

2.3.3　城市建成环境测度方法

城市建成环境特征指标测度的传统方法是通过人工观测数据等途径，运用一系列辅助工具针对性地测量并记录城市建成环境特征的原始数据。早期研究者也常通过对被调查者的访谈或问卷调查来获取特定范围对象的建成环境特征，同时也有研究采用系统性社会观察进行建成环境特征的数据收集，但随着新技术的发展，这些传统的数据获取方法因为投入大、效率低等问题而逐渐被新数据获取方法所补充。

地理信息系统出现后，越来越多研究利用多源大数据测度5D指标来研究城市建成环境的活力，大大提高了数据收集的效率。但5D理论不能概括全部影响城市活力的建成环境因素，GIS数据所能提取的建成环境信息也不能全维度反映人所暴露的城市建成环境的特征，特别是人本尺度建成环境特征。而随着街景地图的逐渐普及，线下的系统性社会观察法逐渐被线上的街景图片评估所取代，采用街景图片评估获得建成环境特征信息，结合街景图片的空间分布底图，得到城市建成环境特征分布地图。街景图片是一种从人本视角记录物质空间和社会空间的有效数据源，是认识人本尺度城市形态的重要渠道，也是观察和记录日常生活的重要手段。近年来，街景图片被应用于城市规划方面的研究，尤其在对街道的研究方面有了新的方法突破。街景图片具有信息量大、节约调研成本和时间的优点，能够对街道景象特征进行多方位、多层次的考量和对比分析，是开展量化评价的有效数据源。通过街景照片数据测度建成环境特征同样节约研究人员现场踏勘的人力成本。运用街景图片评估测度建成环境的研究，如梅恩（Mayne）等在确定建成环境的评估指标并将街区编码后，运用谷歌地图的街景功能，雇佣评估员在街景地图中虚拟散步，对建成环境特征进行评估，绘制建成环境特征空间分布地图。更重要的是，采用街景图片评估测度建成环境的脏、乱、差、废、丑等特征，是一种基于影像数据的建成环境测度方法，适用于测度人本尺度建成环境特征指标。而与之不同的是，GIS 数据更加适用于测度 5D 建成环境特征指标。但利用街景图片测度城市建成环境存在精确度上的不足，街景图更新速度慢，覆盖范围不全。而这些支路、广场是人们经常走过的。由此判定街景图无法全面记录这些地区的建成环境特征。建成环境 5D 指标对城市活力的影响已经显现，但现有研究对人本尺度建成环境特征指标如何影响城市活力的证据尚不充分。因此，通过影像数据反映的人本尺度建成环境特征如何影响城市活力，有待今后研究的进一步探索。

2.4　城市活力测度方法

2.4.1　传统调研方法

传统的城市空间活力数据获取和评估可分为以空间观察法、问卷调查法、现场访谈法、拍照记录法等为代表的基于实地调查方法的直接描述评估法，以及包括 SD 语义分析法、满意度评价法、行为记录法、有源以太网（Power Over Ethenet，POE）使用情况评价法、活动日志法等方法的间接描述评估法。

1. 间接描述评估法

间接描述评估法是通过使用者的反馈进行物理空间环境品质的评估。在宏观尺度下，调查的空间环境特征包括区位特征、交通可达性、功能多样性等城市宏观尺度特征，而在微观尺度下，往往更关注小尺度空间自身的特征，如空间的设施运维、环境清洁、视觉审美等。现有研究多从公共空间使用者对环境的主观感受的角度，以问卷或访谈调查为基础，遴选基于经验理论的诸如建筑环境属性与可达性等公共空间活力影响因子，然后采用层次分析法、专家评分法、语义分析法等方法，建立城市公共空间活力因子评价体系。

间接描述评估法以主观调查为基础，能够较准确地获得人群活动偏好特征。这些传统的调研法所需要的工作量与时间成本高，而且采用抽样调查的方法存在部分样本量较小、代表性不足、适用性不广的问题。另外，如满意度调查等方法是以使用人群的主观感受作为依据，容易受被调查者个人背景与经验值的影响。因此，以上传统的数据获取及调研方法存在一定的局限性。

2. **直接描述评估法**

直接描述评估法重视城市空间活力中人群行为活动和物理环境的双层内涵，对人群活动的时空动态特征进行直接现象描述与评估，进而解析物理环境与人群活动的影响因素。如郑丽君等通过实地观察记录城市公共空间中的人群密度、停留时间、活动类型等情况来获得直接数据，将公共空间活力与可能的物理环境因素进行回归分析或耦合分析，从而得到影响公共空间活力特征的物理环境影响要素。直接描述评估法的优点在于其是对公共空间使用者（人及人群）活动的直接描述，是对实际产生的空间活力的直观评价。将城市空间活力强度与物理空间特征建立联系，有利于发现特定条件下的影响城市空间活力的空间要素和影响机制。传统上，该方法通常采用现场观察法、拍照记录法来获取活动类型与人群类型数据。由于受到人力时间成本的限制，使得研究样本数量较少、研究覆盖的时间跨度较短且人群活动特征的研究维度比较单一（多为人群分布密度），因而对于公共空间中人群活动的特征描述欠缺全面性，对人群活动背后的内在影响机制的解读也缺少直接的支撑。

2.4.2 移动互联网时代的城市活力数据

5G、移动互联网和大数据等信息化、数字化技术的发展，为城市空间活力的测度带来新的数据来源和分析技术路径。在移动互联网设备快速发展背景下，市民通过智能手机生成大量用户自生成内容（User Generated Content，UGC）。UGC 数据具有大数据的 5V 基本特征，同时又具备客观性、动态性、精细性等特征。携带有大量时空标签信息的不同类型数字足迹数据，同时社交媒体和公众参与平台也记录了大量的用户活动信息，如时空信息、情感信息、语义信息等，通过数据挖掘和清洗，其中一些信息可用于城市公共空间活力的测度和评估。

1. **社交网络数据**

常用的社交网络数据来源有提供社交文本信息和用户地理位置数据的推特（Twitter）、脸书（Facebook）、微博、微信、大众点评等社交媒体网站或App。

利用社交媒体提供的地理位置数据，对城市公共空间中典型的人群移动时空模式进行识别，并进一步分析群体移动模式与城市公共空间物理环境特征之间的关系。这些海量、非结构化的数字足迹大数据不仅成为开展城市活力分布规律研究的重要数据来源，也革命性地推动城市活力研究朝着挖掘海量数据中所蕴含规律的数据驱动研究转变，并逐步出现通过社交网络数据、城市出行数据、热力图数据、手机信令分析法、GPS追踪法等获取人群活动及空间数据的创新方法。大数据的运用突破了传统数据获取（如空间观察、问卷调查、深度访谈等）时效差、样本小等问题，数据的采集正由传统的“低频高成本，小样本低精度”转向“高频低成本，大样本高精度”的模式。如，Steiger等将Twitter签到数据与伦敦官方人口普查数据进行对比分析，通过语义和时空聚类方法证实Twitter签到数据能够用于人群移动研究。“签到”是社交网络移动功能中的一种，可以准确描述人群活动实时的地理空间位置，从而反映人的行为模式及时空特征。城市公共空间中人群的移动一般具有较明显的规律性，利用网络签到数据识别其时空模式，可进一步理解城市公共空间自身特征与人群移动之间的联系，进而探索城市活力区域的时空模式。王鑫抓取大众点评网有关北京市郊野公园的评价信息进行词频分析以了解使用者对郊野公园的需求；滕雨薇基于社交网络Foursquare签到数据分析各种类型场所的平均签到数量与不同类型设施的用户签到频率、用户稳定性，进而分析人群活动空间模式与城市实际运行模式的匹配情况。

社交网络文本数据拥有更广泛的空间和时间覆盖范围，能够提高城市绿地规划设计、建设、管理过程中的公众参与程度。李方正通过分析微博社交平台的签到数据，对中国 287 个地级以上城市的 13759 个公园的使用情况进行评估；周伟奇等利用微博免费提供的地理签到数据，量化并比较北京不同类型公园的游客数量，并对其影响因素进行分析；王波等利用微博签到数据，从时间、空间、活动 3 个层面对南京市城市活动空间的动态变化进行分析，并根据变化进行活动区域划分。

2. **城市出行数据**

城市出行数据是与居民移动相关，城市内部、城市之间交通相关的各类传感信息数据，它包含非常丰富的居民活动信息，主要通过公交车、出租车、地铁、共享单车等交通工具的刷卡或打卡数据来获取用户的出发位置、出行时间、地点和移动路线等时空信息，以辅助判断人们通勤出行行为，从而对城市公共空间的活力进行评估测度。

此外，基于出租车、公交地铁刷卡、共享单车骑行、公共交通等交通传感数据可以提供用户出发的位置、时间、目的地等时空信息。城市出行数据也可用于城市绿道、慢行道的规划选线与线路优化。李方正通过将公交刷卡数据与人口出行分布规律进行耦合分析，辅助绿道规划选线。郑佳芬利用厦门岛公共自行车数据发现城市活力区域，提出岛内自行车道的优化建议。

3. **手机信令数据**

智能手机的普及和移动通信技术的发展为分析人们的出行信息提供了很好的技术选择，目前可获取的手机数据源包括手机话单定位数据和手机信令数据。手机信令数据作为 POI 数据的深度补充，可以帮助规划师和设计师理解城市运行状况并反映人群行为和分布规律。手机数据定位采用的是基于基站的模糊定位技术，相较传统的调研和观察数据，能更客观、真实地反映现象或行为，相较 GPS 等精确定位数据，在样本量、覆盖范围、实施成本和时间周期上更具有优势。

手机信令数据已经广泛应用于城市活力测度研究，此类数据具有普遍性和大众性，能为公园游憩研究提供游客的时空信息，在辅助研究城市公园的选址、公园游憩使用的影响因素以及促进绿地公平等方面具有重要意义。目前，国内外学者利用手机信令数据开展了一系列关于城市绿地服务情况的研究。在宏观尺度，可研究区域或城市范围的绿地使用情况和游客行为规律，如 Song 等利用移动电话定位请求数据分析城市绿地活力；史宜等利用手机信令大数据解析苏州金鸡湖周边人群的时空动态分布信息，分析滨水空间人群活力的时空特征。当研究范围缩小至某一公园时，手机信令数据可用于分析游客的行为规律与公园服务情况，如方家等利用手机信令数据分析节事引发大客流的时空分布规律和游客行为；龙奋杰等通过手机信令数据评价贵州观山湖公园的服务情况。

4. 百度热力图数据

2014 年百度推出一款大数据可视化产品——百度热力图，该产品基于智能手机使用者访问百度产品（如搜索、地图、天气和音乐等）时所携带的位置信息，通过时空间可视化表达处理，呈现出各个地区内聚类的人群密度和人流速度，综合计算出聚类地点的活力。计算结果用不同的颜色和亮度来反映人流量的分布情况和空间差异。百度热力图可反映不同城市区域的拥挤程度、城市人群分布模式和变化规律，可以成为研究城市建成环境活力的重要依据，已经广泛应用于城市形态与城市人口聚集时空特征等领域的研究。

5. 小结

综上，与传统的城市空间活力评价方法相比，大数据支持下的城市空间活力评价的优势体现在以下 3 个方面：①在活力的强度维度上，具有地理位置属性的大数据可在一定程度上反映特定研究区域内的人群数量，并能够将传统评价的对象从场地层面（微观尺度）拓展至城市层面（中宏观尺度）；②在活力的时间维度上，诸如热力图等大数据比传统数据具有更强的连续性与动态性，能够更精确地分析城市空间中人群活动的变化规律；③在活力的多样性上，相较于传统的实地观测数据，使用带有使用者属性的大数据能够更全面地分析使用者的构成与偏好。大数据带动下的创新研究方法，提升了活力量化评价的精准度，也为更大尺度范围的城市空间活力研究提供了可能性，甚至指向了空间活力的模拟与预测的新方向。总而言之，时空大数据能够很好地揭示人的自然属性与社会属性，特别是人与人以及人与社会的关系特性。已有研究和应用表明，大数据能全面反映人群活动的行为特征和时空规律，从而使真实描述公共空间活力本质成为可能。

2.5 地理数学方法

现代地理学是一门研究地理环境及其与人类活动之间相互关系的综合性、交叉性学科。它以分布、形态、类型、关系、结构、联系、过程、机制等概念构筑其理论体系，注重的是地理事物的空间格局与地理现象的发生发展及变化规律，追求的目标是人地系统的优化，即人口、资源、环境与社会经济协调发展。所采用的研究方法，是定性与定量方法结合、综合归纳与理论演绎方法并用、规范与实证研究方法并举。

自 20 世纪 60 年代以来，现代地理数学方法不断完善、不断成熟。目前，地理数学方法的内容，已经涉及数学及其相关学科的各个领域。它不但继承了以经典的统计分析和运筹决策方法为基础的传统计量地理学成果，发展了一系列地理系统分析与优化决策方法，而且还吸收了复杂系统理论、非线性科学、计算机仿真与模拟、智能计算等方法，为城市活力研究提供重要的工作框架和分析工具。

2.5.1 探索性空间数据分析

1. 定义

探索性空间数据分析（Exploratory Spatial Data Analysis，ESDA）是一系列空间数据分析方法和技术的集合。具体来说，就是描述数据的空间分布并加以可视化，识别空间数据的异常值，检测社会和经济现象的空间集聚，以及展示数据的空间结构，提示现象之间的空间相互作用机制。探索性空间数据分析的核心是认识并识别与地理位置相关的数据间的空间依赖、空间关联。

2. 空间权重矩形

空间自相关概念源于时间自相关，但比后者复杂。主要是因为时间是一维函数，而空间是多维函数。因此，在度量空间自相关时，还需要解决地理空间结构的数学表达，定义空间对象的相互邻接关系。空间经济计量学引入了空间权重矩阵，这是与传统计量经济学的重要区别之一，也是进行探索性空间数据分析的前提和基础。如何合适地选择空间权重矩阵一直以来也是探索性空间数据分析的重点和难点问题。

定义一个二元对称空间权重矩阵 W 来表示 n 个位置的空间邻近关系，可以根据邻接标准或距离标准来度量。空间权重矩阵有多种规则，简单的二进制连接矩阵是基于空间单元间的二进制邻接性思想进行的，对空间依赖性或空间自相关进行测度应用的矩阵。二进制的邻接性认为只有相邻的空间单元之间才有空间交互作用，这只是对空间模型中的空间单元之间交互程度的一个很有限的表达方式。而且这种邻接性对于许多拓扑转换并不敏感，即一个相同的连接矩阵可以代表许多不同的空间单元人分布方式。因此，许多空间计量经济学家对空间权重矩阵作了进一步研究，提出了一般空间权重矩阵。一般空间权重矩阵对 W 进行重新定义，通过共享的边界长度占单个单元总边界长度的比例来定义空间的邻近关系。类似地，还有许多对 W_{ij} 的定义方法，如考虑区域面积、地区 GDP 等，可以根据研究者的研究目标进行构建。

3. 空间自相关分析

（1）定义与内涵

空间自相关分析是指邻近空间区域单位上某变量的同一属性值之间的相关程度，主要用空间自相关系数进行度量并检验区域单位的这一属性值在空间区域上是否具有高高相邻、低低相邻或者高低间错分布，即有无聚集性。若相邻区域间同一属性值表现出相同或相似的相关程度，即属性值在空间区域上呈现高（低）的地方邻近区域也高（低），则称为空间正相关；若相邻区域间同一属性值表现出不同的相关程度，即属性值在空间区域上呈现高（低）的地方邻近区域低（高），则称为空间负相关；若相邻区域间同一属性值不表现任何依赖关系，即呈随机分布，则称为空间不相关。空间自相关分析分为全局空间自相关分析和局部空间自相关分析，全局自相关分析是从整个研究区域内探测变量在空间分布上的聚集性；局域空间自相关分析是从特定局部区域内探测变量在空间分布上的聚集性，并能够得出具体的聚集类型及聚集区域位置，常用的方法有 Moran's I、Geary's C、Getis、Morans 散点图等。

（2）全局空间自相关分析

全局空间自相关分析主要用 Moran's I 系数来反映属性变量在整个研究区域范围内的空间聚集程度。首先，全局 Moran's I 统计法假定研究对象之间不存在任何空间相关性，然后通过 Z-score 得分检验来验证假设是否成立。

如果 x_i 是位置（区域）i 的观测值，则该变量的全局 Moran 指数 I，用如下公式计算：

$$I=\frac{n\sum_{i=1}^{n}\sum_{j=1}^{n}w_{ij}(x_j-\bar{x})(x_j-\bar{x})}{\sum_{i=1}^{n}\sum_{j=1}^{n}w_{ij}\sum_{i=1}^{n}(x_i-\bar{x})^2}=\frac{\sum_{i=1}^{n}\sum_{j\neq 1}^{n}w_{ij}(x_i-\bar{x})(x_j-\bar{x})}{S^2\sum_{i=1}^{n}\sum_{j\neq 1}^{n}w_{ij}}$$

式中：

$$S^2=\frac{1}{n}\sum_{i}(x_i-\bar{x})^2$$

$$\bar{x}=\frac{1}{n}\sum_{i=1}^{n}x_i$$

其中，n 表示研究对象空间的区域数；x_i 表示第 i 个区域内的属性值（如发病率），x_j 表示第 j 个区域内的属性值，$\bar{x}$ 表示所研究区域的属性值的平均值（如平均发病率）；w_{ij} 表示空间权重矩阵，一般为对称矩阵，其中 w_{ij}=0。

Geary 系数 C 计算公式如下：

$$C=\frac{(n-1)\sum_{i=1}^{n}\sum_{j=1}^{n}w_{ij}(x_i-x_j)^2}{2\sum_{i=1}^{n}\sum_{j=1}^{n}w_{ij}\sum_{i=1}^{n}(x_i-\bar{x})^2}$$

式中：C 为 Geary 系数，其他变量同上。

Moran 系数 I 的取值为［-1，1］。当其取值大于 0 时，表明所研究区域存在空间正相关，且取值越接近 1，表明空间正相关性越强，研究对象呈聚集分布；当其取值小于 0 时，表明所研究区域存在空间负相关，取值越接近 -1，表明空间负相关性越强，研究对象呈均匀分布；当其取值接近于 0，研究对象呈随机分布，不存在自相关性。

Geary 系数 C 的取值一般在［0，2］之间，大于 1 表示负相关，等于 1 表示不相关，而小于 1 表示正相关。

在零假设条件下，Moran's I 的期望值为：

$$E(I)=\frac{-1}{n-1}$$

Moran's I 的方差有两个假设：空间对象正态分布假设和空间对象随机分布假设。

正态分布假设条件下，Moran's I 的方差是：

$$\mathrm{Var}(I)=\frac{1}{s_0^2(n-1)(n+1)}(n^2 s_1-ns_2+3s_0^2)-E(I)^2$$

随机分布假设条件下，Moran's I 的方差是：

$$\mathrm{Var}(I)=\frac{n[(n^2-3n+3)s_1-ns_2+3s_0^2]-k[(n^2-n)s_1-2ns_2+6s_0^2]}{s_0^2(n-1)(n-2)(n-3)}-E(I)^2$$

式中：

$$s_0=\sum_{i=1}^{n}\sum_{j=1}^{n}w_{ij} \qquad s_1=\frac{1}{2}\sum_{i=1}^{n}\sum_{j=1,j\neq i}^{n}(w_{ij}+w_{ji})^2$$

$$s_2=\sum_{i=1}^{n}\Big(\sum_{j=1}^{n}w_{ij}+\sum_{j=1}^{n}w_{ji}\Big) \qquad k=\frac{n\sum_{i=1}^{n}(x_i-\bar{x})^4}{\left[\sum_{i=1}^{n}(x_i-\bar{x})^2\right]^2}$$

对于 Moran 指数，可以证明 Moran's 指数 I 值近似服从期望值为 E（I）和方差为 Var（I）的正态分布。检验统计量为标准化 Z 值，可以用公式来检验 n 个区域是否存在空间自相关关系：

$$Z=\frac{I-E(I)}{\sqrt{Var(I)}}$$

根据上式计算出检验统计量，可以再进行显著性检验。

零假设 H0：n 个区域单元的属性值之间不存在空间自相关。

显著性水平可以由标准化 Z 值的 P 值检验来确定：通过计算 Z 值的 P 值，再将它与显著性水平 α（一般取 0.05）作比较，决定拒绝还是接受零假设。如果 P 值小于给定的显著性水平 α，则拒绝零假设，否则接受零假设。

关于显著性检验有 3 种方法：第一种是最常用的方法，即假设变量服从正态分布，在样本无限大的情况下，Z 值服从标准正态分布，据此可判断显著性水平。第二种方法是随机化方法，假设区域单元的观测值和位置无法确定，观测值以相同概率出现在任何空间位置之上，根据统计学原理，易知 Z 值渐进地服从标准正态分析，据此判断显著性水平。最后一种方法是置换方法，假设观测值可以等概率地出现在任何位置之中，但是关于 I 的分布是实证地产生，即通过观测值在所有空间区域单元随机重排序，每次计算得出不同 I 统计量的值，最后得到 I 的均值和方差。

当 Z 值为正且显著时，表明存在空间正相关，也就是说相似的观测值趋于空间聚集；当 Z 值为负且显著时，表明存在空间负相关，相似的观测值趋于空间分散分布；当值为零时，观测值呈独立随机分布。

（3）局部空间自相关分析

全局空间自相关反映在研究区域内，相似属性的平均聚集程度；局部空间自相关可回答这些区域的具体地理分析。当需要进一步考虑到是否存在观测值的高值或低值的局部空间聚集，哪个区域单元对于全局空间自相关的贡献更大，以及在多大程度上空间自相关的全局评估掩盖了反常的局部状况或小范围的局部不稳定性时，就必须应用局部空间自相关分析。实际上，反映空间联系的局部指标很可能和全局指标不一致，空间联系的局部格局可能是全局指标所不能反映的，尤其在大样本数据中，在强烈而显著的全局空间联系之下，可能掩盖着完全随机化的样本数据子集，在时甚至会出现局部的空间联系趋势和全局的趋势恰恰相反的情况，这时进行局部空间自相关分析来探测局部空间联系很有必要。局部空间自相关分析方法包括3种：

①空间联系的局部指标

空间联系的局部指标（Local Indicators of Spatial Association，LISA）满足下列两个条件：

首先，每个区域单元的LISA是描述该区域单元周围显著的相似值区域单元之间空间集聚程度的指标；其次，所有区域单元LISA的总和与全局的空间联系指标成比例。

LISA包括局部Moran指数（Local Moran）和局部Geary指数（Local Geary），下面重点介绍和讨论局部Moran指数。

局部Moran指数的计算方法如下：

$$I_i = \frac{x_i - \bar{x}}{S^2}\sum_{j=1}^{n} w_{ij}(x_j - \bar{x})$$

其中：

$$S^2 = \frac{1}{n}\sum_{i=1}^{n}(x_i - \bar{x})^2, \bar{x} = \frac{1}{n}\sum_{i=1}^{n} x_i, \text{且 } i \neq j$$

在随机分布假设下，I_i 的期望值和方差分别为

$$\mathrm{E}(I_i) = \frac{-w_i}{n-1}$$

$$\mathrm{Var}(I_i) = \frac{(n-b_2)w_{i(2)}}{n-1} + \frac{(2b_2-n)}{(n-1)(n-2)}\sum_{k=1,k\neq i}^{n}\sum_{h=1,h\neq i}^{n} w_{ij}w_{ih} - [\mathrm{E}(I_i)]^2$$

其中：

$$w_i = \sum_{j=1,j\neq i}^{n} w_{ij}, w_{i(2)} = \sum_{j=1,j\neq i}^{n} w_{ij}^2, b_2 = \frac{\sum_{j=1}^{n}(x_i - \bar{x})^4}{\left[\sum_{j=1}^{n}(x_j - \bar{x})^2\right]^2}$$

w_{ij} 为空间权重矩阵，以上各符号的实际意义为：n 表示研究对象空间的区域数；x_i 表示第 i 个区域内的属性值，x_j 表示第 j 个区域内的属性值，x 表示所研究区域的属性值的平均值；检验统计量为标准化 Z 值，可以利用公式对Moran's I 的 LISA统计量进行假设检验，即：

$$Z=\frac{I_i-E(I_i)}{\sqrt{Var(I_i)}}$$

当 |Z|>1.96 时，$P<0.05$，拒绝无效假设，认为 Moran's $I_i \neq 0$，存在局部空间自相关。

LISA 系数用于解释空间是否存在聚集性。LISA>0 时表明局部空间单元与相邻空间单元之间存在空间正相关性，表现为“高－高”或“低－低”聚集，LISA<0 时表明局部空间单元与相邻空间单元之间存在空间负相关性，表现为“低－高”或“高－低”聚集。“高－高”聚集区域，表示本单元某种属性值高，其相邻空间单元的某种属性值也高；“低－低”聚集区域表示本单元某种属性值低，其相邻空间单元的某种属性值也低；同理，“高－低”聚集区域表示本单元某种属性值高，而相邻空间单元的某种属性值低；“低－高”聚集区域表示本单元某种属性值低，而相邻空间单元的某种属性值高。并且局域空间自相关聚集区域相对应于 LISA 系数进行了显著性检验，对具有统计学意义的空间单元进行了可视化展示。

② G 统计量

Getis 和 Ord（1992，1995）建议使用局部 G 统计量来检测小范围内的局部空间依赖性，因为这些空间联系很可能是采用全局统计量所提示不出来的。值得注意的是，当全局统计量并不足以证明存在空间联系时，一般建议使用局部 G 统计来探测空间单元的观测值在局部水平上的空间聚集程度。全局 G 统计量公式如下：

$$G=\frac{\sum_{i}^{n}\sum_{j}^{n}w_{ij}x_ix_j}{\sum_{i}^{n}\sum_{j}^{n}x_ix_j}$$

对每一个空间单元 i 的 G_i 统计量为：

$$G_i=\frac{\sum_{j\neq i}^{n}w_{ij}x_i}{\sum_{j\neq i}^{n}x_j}$$

对 G_i 统计的检验与局部 Moran 指数相似。显著的正 G_i 值表示在该空间单元周围，高观测值的空间单元趋于空间聚集，而显著的负 G_i 表示低观测值的空间单元趋于空间聚集，与 Moran 指数只能发现正负相关的空间聚集模式相比，G_i 能够测度出空间单元属于高值聚集还是低值聚集的空间分布模式。

③ Moran 散点图

局部空间自相关分析的第三种方法是 Moran 散点图，可以对空间滞后因子 Wz 和 z 数据进行可视化的二维图示。Moran 散点图用散点图的形式，描述变量 z 与空间滞后（即该观测值周围邻居的加权平均）向量 ***Wz*** 间的相互关系。该图的横轴对应变量 z，纵轴对应空间滞后向量 ***Wz***，它被分为 4 个象限，分别识别一个地区及其邻近地区的关系。

Moran 散点图的 4 个象限分别对应空间单元与其邻居之间 4 种类型的局部空间联系形式：

第一象限代表了高观测值的空间单元为同是高值的区域所包围的空间联系形式；

第二象限代表了低观测值的空间单元为高值的区域所包围的空间联系形式；

第三象限代表了低观测值的空间单元为同是低值的区域所包围的空间联系形式；

第四象限代表了高观测值的区域单元为低值的区域所包围的空间联系形式。

与局部 Moran 指数相比，虽然 Moran 散点图不能获得局部空间聚集的显著性指标，但是其形象的二维图像非常易于理解，其重要的优势还在于能够进一步具体区分空间单元和其邻居之间属于高值和高值、低值和低值、高值和低值、低值和高值之中的哪种空间联系方式。

并且，对应 Moran 散点图的不同象限，可识别出空间分布中存在着哪几种不同的实体。

将 Moran 散点图与 LISA 显著性水平相结合，也可以得到所谓的

“Moran 显著性水平图”，图中显示出显著的 LISA 区域，并分别标识出对应于 Moran 散点图中不同象限的相应区域。

2.5.2 空间聚类分析

1. 定义

空间聚类作为聚类分析的一个研究方向，是指将空间数据集中的对象分成由相似对象组成的类。同类中的对象间具有较高的相似度，而不同类中的对象间差异较大。作为一种无监督的学习方法，空间聚类不需要任何先验知识，比如预先定义的类或带类的标号等。由于空间聚类方法能根据空间对象的属性对空间对象进行分类划分，已经被广泛应用在城市规划、环境监测、地震预报等领域，发挥着较大的作用。同时，空间聚类也一直都是空间数据挖掘研究领域中的一个重要研究分支。目前，已有许多文献资料提出了针对不同数据类型的多种空间聚类算法，一些著名的软件，如 SPSS、SAS 等软件中已经集成了各种聚类分析软件包。

2. 空间数据的复杂性

空间聚类分析的对象是空间数据。由于空间数据包括空间实体的位置、大小、形状、方位及几何拓扑关系等信息，其存储结构和表现形式比传统事务型数据更为复杂，空间数据的复杂特性表现如下。

（1）空间属性间的非线性关系

空间数据中蕴含着复杂的拓扑关系，因此，空间属性间呈现出一种非线性关系。这种非线性关系不仅是空间数据挖掘中需要进一步研究的问题，也是空间聚类所面临的难点之一。

（2）空间数据的尺度特征

空间数据的尺度特征是指在不同的层次上，空间数据所表现出来的特征和规律都不尽相同。虽然在空间信息的概化和细化过程中可以利用此特征发现整体和局部的不同特点，但对空间聚类任务来说，实际上是增加了空间聚类的难度。

（3）空间信息的模糊性

空间信息的模糊性是指各种类型的空间信息中，包含大量的模糊信息，如空间位置、空间关系的模糊性，这种特性最终会导致空间聚类结果的不确定性。

（4）空间数据的高维度性

空间数据的高维度性是指空间数据的属性（包括空间属性和非空间属性）个数迅速增加，比如在遥感领域，获取的空间数据维度已经快速增加到几十甚至上百个，这会给空间聚类的研究增加很大的困难。

3. 空间聚类的主要算法

目前，研究人员已经对空间聚类问题进行了较为深入的研究，提出了多种算法。根据空间聚类采用的不同思想，空间聚类算法主要可归纳为以下几种：划分聚类算法、层次聚类算法、基于密度的聚类算法、基于网格的聚类算法、基于模型的聚类算法。

（1）划分聚类算法

基于划分的聚类算法是最早出现并被经常使用的经典聚类算法。其基本思想是：在给定的数据集随机抽取 n 个元组作为 n 个聚类的初始中心点，然后通过不断计算其他数据与这几个中心点的距离（比如欧几里得距离），将每个元组划分到其距离最近的分组中，从而完成聚类的划分。

由于基于划分的聚类方法比较容易理解，且易实现，目前已被广泛引入到空间聚类中，用于空间数据的分类。其中最常用的几种算法是：k-平均（k-Means）算法、k-中心点（k-Medoids）算法和 EM（Expectation Maximization）算法。k-Means 算法使用每个聚类中所有对象的平均值作为该聚类的中心；k-Medoids 则选用簇中位置最中心的对象作为聚类中心；而 EM 算法则采用一个平均概率分布和一个 $d \times d$ 协方差矩阵来表示一个聚类。除上述 3 种算法外，也出现了众多的基于上述算法的变异算法，如基于选择的方法（CLARA）、基于随机搜索的方法（CLARANS）等。

（2）层次聚类算法

基于层次的聚类算法就是将数据对象组成一棵聚类的树。根据层次的分解方向，分为凝聚法和分裂法。凝聚法最初假定数据集中的每个对象都为一个单独的类，然后通过不断合并相近的对象，直到满足条件为止；分裂法同凝聚法的分解方向相反，其开始假设所有的对象都在一个类中，之后不断进行分裂，直到满足条件为止。由于一个类一旦分裂或凝聚就不能撤消，基于层次的算法灵活性较差，很少有纯粹的层次算法，层次方法往往和其他方法相结合进行聚类。代表性算法有：CURE 算法、CHAMELEON 算法。

CURE（Clustering Using Representatives）算法是一种新颖的层次算法，它采取随机取样和划分相结合的方法：一个随机样本首先被划分，每个划分被局部聚类，最后把每个划分中产生的聚类结果用层次聚类的方法进行聚类。较好地解决了偏好球形和相似大小的问题，在处理孤立点时也更加健壮。

CHAMELEON（Hierarchical Clustering Using Dynamic Modeling）算法的主要思想是首先使用图划分算法将数据对象聚类为大量相对较小的子类，其次使用凝聚的层次聚类算法反复地合并子类来找到真正的结果类。CHAMELEON 算法在 CURE 等算法的基础上改进而来，能够有效地解决 CURE 等算法的问题。

（3）基于密度的聚类算法

基于密度的聚类算法主要特点在于其使用区域密度作为划分聚类的依据，其认为只要数据空间区域的密度超过了预先定义的阈值，就将其添加到相近的聚类中。这种方法不同于各种各样基于距离的聚类算法，其优点在于能够发现任意形状的聚类，从而克服基于距离的方法只能发现类圆形聚类的缺点。代表性算法有：DBSCAN 算法、OPTICS 算法、DE-NCLUE 算法等。

DBSCAN（Density-Based Spatial Clustering of Applications with Noise）算法将聚类定义为基于密度可达性最大的密度相连对象的集合。聚类分析时，它必须输入参数 Eps、MinPts，其中，Eps 是给定对象的半径，MinPts 是一个对象的邻域内包含的最少对象数目。检查一个对象的邻域密度是否较大，即一定距离内数据点的个数是否超过 MinPts 来确定是否建立一个以该对象为核心对象的新类，再合并密度可达类。

尽管 DBSCAN 算法能对任意形状的数据集进行聚类。但它仍需要用户输入参数 Eps 和 MinPts，而聚类结果对这两个参数的值又非常敏感。这事实上是将选择参数的任务留给了用户，而在实际中，用户很难准确确定合适的参数值，这往往导致聚类结果的偏差。因此，为了克服上述问题，人们提出了一种基于 DBSCAN 的改进算法 OPTICS（Ordering Points To Identify The Clustering Structure）。OPTICS 算法为自动和交互的聚类分析计算一个聚类次序，这个次序反映了数据基于密度的聚类结构，并且能够使用图形或其他可视化的方法表示。

DENCLUE（Density-Based Clustering）算法也是一种基于密度分布的聚类方法，概括了包括划分法、层次法等多种聚类方法，能够处理包含大量噪声的聚类，并且其执行效率要远远高于 DBSCAN 算法。

（4）基于网格的聚类

基于网格的聚类主要思想是将空间区域划分为若干个具有层次结构的矩形单元，不同层次的单元对应不同的分辨率网格，把数据集中的所有数据都映射到不同的单元网格中，算法所有的处理都是以单个单元网格为对象，其处理速度比以元组为处理对象的效率要高得多。代表性算法有：STING 算法、WAVE-CLUSTER 算法、CLIQUE 算法等。

STING（Statistical Information Grid）算法首先将空间区域划分为若干矩形单元，这些单元形成一个层次结构，每个高层单元被划分为多个低一层的单元。单元中预先计算并存储属性的统计信息，高层单元的统计信息可以通过底层单元计算获得。这种算法的优点是效率很高，而且层次结构有利于并行处理和增量更新；其缺点是聚类的边界全部是垂直或是水平的，与实际情况可能有比较大的差别，影响聚类的质量。

WAVE-CLUSTER（Clustering Using Wavelet Transformation）算法是一种采用小波变换的聚类方法。其首先使用多维数据网格结构汇总区域空间数据，用多维向量空间表示多维空间中的数据对象，然后使用小波变换方法对特征空间进行处理，发现特征空间中的稠密区域。最终通过多次小波变换，获得多分辨率的聚类。

CLIQUE（Clustering In Quest）算法综合了基于密度和基于网格的聚类方法。其主要思想是将多维数据空间划分为多个矩形单元，通过计算每一个单元中数据点中全部数据点的比例的方法确定聚类。其优点是能够有效处理高维度的数据集，缺点是聚类的精度有可能会降低。

（5）基于模型的聚类

基于模型的聚类主要思想是假设数据集中的数据分布符合特定的数学模型，通过数学模型来发现聚类。主要有两种基于模型的方法：一种是统计学的方法，代表性算法是 COB-WEB 算法；另一种是神经网络的方法，代表性的算法是竞争学习算法。

COB-WEB 算法是一种增量概念聚类算法。这种算法不同于传统的聚类方法，它的聚类过程分为两步：首先进行聚类，然后给出特征描述。因此，分类质量不再是单个对象的函数，而且也加入了对聚类结果的特征性描述。竞争学习算法属于神经网络聚类。它采用若干个单元的层次结构，以一种“胜者全取”的方式对系统当前所处理的对象进行竞争。

（6）其他聚类方法

除了上述 5 种空间聚类算法外，研究人员根据空间聚类的要求，提出了多种结合其他思想的空间聚类方法。影响较大的有遗传空间聚类和带约束的空间聚类算法。其中，遗传空间聚类是模仿生物进化过程中的自然选择和进化机制，通过基因编码、遗传、变异和交叉等操作，来实现空间聚类的一种算法，是一种基于群体的全局随机优化算法；而带约束的空间聚类算法则是为了解决空间聚类中所面临的空间障碍问题而产生的，如城市中的河流、湖泊等障碍，各居民点并非沿直线，而是沿着一定的道路或网络到达簇中心等情况，如果在实际分析中不考虑这些障碍，获得的聚类结果必然与实际情况有较大的误差，而带约束的空间聚类正是解决上述问题的有效算法。

4. 空间聚类质量评价方法

空间聚类作为聚类的一个研究分支，其过程是一个寻找最优划分的过程，即根据聚类终止条件不断对划分进行优化，最终得到最优解。由于空间聚类是一种无监督的学习方法，事先没有任何先验知识，因此，需要一定的措施或方法对空间聚类结果进行有效性验证和质量评价。本文主要从内部度量和外部度量两个方面对空间聚类质量进行评价。

（1）内部度量

空间聚类的内部度量原则主要有两个：聚类内部距离和聚类间的距离。聚类内部距离是指聚类内部间对象的平均距离，它反映了聚类的紧凑性和聚类算法的有效性；而聚类间的距离是指两个聚类间所有会话的平均距离。对于良好的聚类算法来说，聚类内部距离应较小，聚类间的距离应较远。

（2）聚类间距离

假设 n 个空间对象被聚类为 K_r（$K_r \in K$）个簇，定义聚类间距离为所有分中心（每个簇的均值）到全域中心（所有空间对象均值）的距离之和：

$$L = \sum_{i=1}^{K} |m_i - m|$$

式中，L 为聚类间距离，m 为全部空间对象的均值，m_i 为簇 C_i 所含空间对象的均值，K_r 为聚类的个数，$K_r \in K$，K 为聚类区间。

（3）聚类内部距离

假设 n 个空间对象被聚类为 K_r 个簇，定义聚类内部距离为所有聚类内部距离的总和（其中每个聚类的内部距离为该聚类所有空间对象到其中心的距离之和）：

$$D = \sum_{i=1}^{K} \sum_{p \in C_r} |p - m_i|$$

其中，D 为类内距离；p 为任一空间研究对象，m_i 为簇 C_i 所含空间对象的均值。

（4）外部度量

对聚类质量的评价，除了内部度量方法外，还有外部度量方法。外部度量方法不同于内部度量方法，其主要从当前分类是正确的分类的角度出发，衡量聚类质量的好坏。外部度量有两种方法：纯净度和 F-measure 熵。

①纯净度

纯净度定义为已知正确类符号，标识为该类的数据占整个簇的比例，即：

$$\text{Purity}(C_k) = \max \frac{N_{tk}}{N_k}$$

其中，N_k 为 C_k 中类标识的数目，簇 N_{tk} 为该簇中标识为 t 的数目。而整个聚类结果的纯净度为所有簇的纯净度的均值，表示为：

$$P(C) = \frac{1}{M}\sum_{k=1}^{K} \max \frac{N_{tk}}{N_k}$$

其中，M 为簇的数目，N_k 为 C_k 中类标识的数目，簇 N_{tk} 为该簇中标识为 t 的数目。

②F-measure 熵

F-measure 熵采用信息检索的准确率和查全率的思想。将数据所属的类 t 看作是集合 N_t 中等待查询的项；由算法产生的簇 C_k 看作是集合 N_k 中检索的项；N_{tk} 是簇 C_k 中类 t 的数量。对于类 t 和簇 C_k 的准确率和查全率分别是：

$$\text{Prec}(t, C_k) = \frac{N_{tk}}{N_k} \quad \text{Rec}(t, C_k) = \frac{N_{tk}}{N_k}$$

相应的 F-measure 是：

$$\text{Fmeas}(t, C_k) = \frac{(b^2+1) \cdot \text{Prec}(t, C_k) \cdot \text{Rec}(t, C_k)}{b^2 \cdot \text{Prec}(t, C_k) + \text{Rec}(t, C_k)}$$

如果 b=1，那么 Prec（t，C_k）和 Rec（t，C_k）的权重是一样的。对于整个划分的 F-measure 值为

$$F(C) = \sum_{t \in T} \frac{N_t}{N} \max_{C_k \in C}(\text{Fmeans}(t, C_k))$$

5. 对空间数据聚类的要求

目前，随着空间数据挖掘研究的蓬勃发展，空间聚类问题也得到了较为深入的研究，并取得了许多成果，提出了许多算法。但由于聚类是一个 NP 难题，随着划分数目的增加，聚类问题的搜索空间会呈指数增长。加上

空间数据复杂性，使得空间聚类不同于传统领域的聚类分析，其计算复杂性和难度也要比传统聚类任务大得多。因此，空间聚类是一个有挑战性的领域，除了面临传统聚类存在的问题外，还具有其特殊性，空间聚类在以下几个方面还需要进一步研究。

许多聚类算法在小于200个数据对象的小数据集合上工作得很好；但是一个大规模数据库可能包含几百万个对象，在这样的大数据集合样本上进行聚类可能会导致有偏的结果。需要具有高度可伸缩性的聚类算法。

许多聚类算法基于欧几里得或者曼哈顿距离度量来决定聚类。基于这样的距离度量的算法趋向于发现具有相近尺度和密度的球状簇。但是一个簇可能是任意形状的。提出能发现任意形状簇的算法是很重要的。

许多聚类算法在聚类分析中要求用户输入一定的参数，例如希望产生的簇的数目。聚类结果对于输入参数十分敏感。参数通常很难确定，特别是对于包含高维对象的数据集来说。这样不仅加重了用户的负担，也使得聚类的质量难以控制。

绝大多数现实中的数据库都包含了孤立点、缺失或者错误的数据。一些聚类算法对于这样的数据敏感，可能导致低质量的聚类结果。

一些聚类算法对于输入数据的顺序是敏感的。例如，同一个数据集合，当以不同的顺序交给同一个算法时，可能生成差别很大的聚类结果。开发对数据输入顺序不敏感的算法具有重要的意义。

一个数据库或者数据仓库可能包含若干维或者属性。许多聚类算法擅长处理低维的数据，可能只涉及两到三维。人类的眼睛在最多三维的情况下能够很好地判断聚类的质量。在高维空间中聚类数据对象是非常有挑战性的，特别是考虑到这样的数据可能分布非常稀疏，而且高度偏斜。

2.5.3　空间统计模型

空间分析（Spatial Analysis）又叫地理空间分析（Geospatial Analysis）、空间统计（Spatial Statistics），是基于地理对象位置和形态空间数据的分析技术，简而言之就是对地理空间内的数据进行定量研究分析、处理与表达的系列方法和技术总称，空间分析是地理信息系统的主要特征，是地理学领域重要的研究内容。空间分析能力（特别是对空间隐含信息的提取和传输能力）是地理信息系统区别于一般信息系统的主要方面，也是用来评价一个地理信息系统是否成功的主要指标。本文主要介绍以下几种模型。

1. 地理探测器

地理探测器是探测空间分异性，以及揭示其背后驱动力的一组统计学方法。地理探测器既可以探测单变量的空间分异性，还可以通过检验两个变量空间分布的一致性来检测两个变量之间可能的因果关系。其核心思想是基于这样的假设：如果某个自变量对某个因变量有重要影响，那么自变量和因变量的空间分布应该具有相似性。地理分异既可以用分类算法来表达，例如环境遥感分类；也可以根据经验确定，例如胡焕庸线。地理探测器擅长分析类型量，而对于顺序量、比值量或间隔量，只要进行适当的离散化，也可以利用地理探测器进行统计分析。因此，地理探测器既可以探测数值型数据，也可以探测定性数据，这正是地理探测器的一大优势。地理探测器的另一个独特优势是探测两因子交互作用于因变量。交互作用一般的识别方法是在回归模型中增加两因子的乘积项，检验其统计显著性。然而，两因子交互作用不一定就是相乘关系。地理探测器通过分别计算和比较各单因子 q 值及两因子叠加后的 q 值，可以判断两因子是否存在交互作用，以及交互作用的强弱、方向、线性还是非线性等。两因子叠加既包括相乘关系，也包括其他关系，只要有关系，就能检验出来。

地理探测器的基本思想是：假设研究区分为若干子区域，如果子区域的方差之和小于区域总方差，则存在空间分异性；如果两变量的空间分布趋于一致，则两者存在统计关联性。地理探测器 q 统计量，可用以度量空间分异性、探测解释因子、分析变量之间交互关系，已经在自然和社会科学多领域应用。

空间分异性是地理数据普遍具有的特性，通俗地来说，没有空间分异性就不能称之为地理。地理探测器则是探测和分析空间异质性的一种新工具，主要包括了以下 4 个探测器。

（1）空间分层异质性及因子探测

探测 Y 的空间分异性，以及探测某因子 X 多大程度上解释了属性 Y 的空间分异（图 2–4）。用 q 值度量，表达式为：

$$q = 1 - \sum_{h=1}^{L} \frac{N_h \sigma_h^2}{N\sigma^2} = 1 - \frac{SSW}{SST}$$

$$SSW = \sum_{h=1}^{L} N_h \sigma_h^2 \quad SST = N\sigma^2$$

式中：$h=1, \cdots, L$ 为变量 Y 或因子 X 的分层（Strata），即分类或分区；N_h 和 N 分别为层 h 和全区的单元数；σ_h^2和σ^2分别是层 h 和全区的 Y 值的方差。SSW 和 SST 分别为层内方差之和（Within Sum Of Squares）和全区总方差（Total Sum Of Squares）。q 的值域为［0，1］，值越大说明 Y 的空间分异性越明显；如果分层是由自变量 X 生成的，则 q 值越大表示自变量 X 对属性 Y 的解释力越强，反之则越弱。极端情况下，q 值为 1 表明因子 X 完全控制了 Y 的空间分布，q 值为 0 则表明因子 X 与 Y 没有任何关系，q 值表示 X 解释了 $100 \times q\%$ 的 Y。

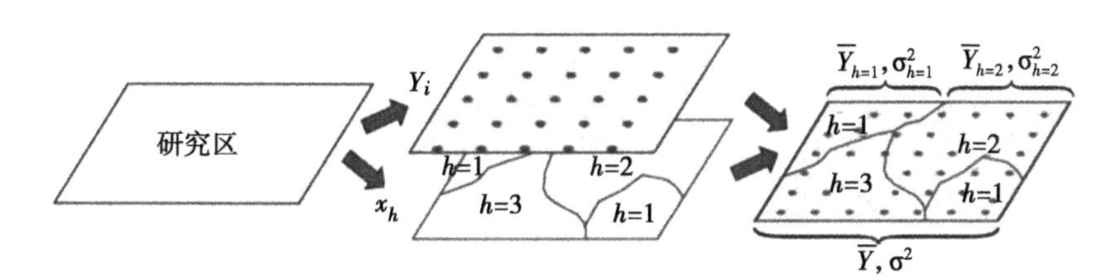

图 2–4　地理探测器原理（图片来源：《空间数据分析教程》一书）

q 值的一个简单变换满足非中心 F 分布：

$$F = \frac{N-L}{L-1}\frac{q}{1-q} \sim F = (L-1, N-L; \lambda)$$

$$\lambda = \frac{1}{\sigma^2}\left[\sum_{h=1}^{L} \overline{Y_h^2} - \frac{1}{N}\left(\sum_{h=1}^{L} \sqrt{N_h Y_h} \right)^2 \right]$$

式中，λ 为非中心参数；$\overline{Y_h}$ 为层 h 的均值。该式可以查表或者使用地理探测器软件来检验 q 值是否显著。

（2）风险区探测

用于判断两个子区域间的属性均值是否有显著的差别，用 t 统计量来检验：

$$t_{y_{h-1}-y_{h-2}}=\frac{\overline{Y}_{h-1}-\overline{Y}_{h-2}}{\left[\frac{Var(\overline{Y}_{h-1})}{n_{h-1}}+\frac{Var(\overline{Y}_{h-2})}{n_{h-2}}\right]}$$

式中：$\overline{Y}$ 表示子区域 h 内的属性均值，如发病率或流行率；n_h 为子区域 h 内样本数量，Var 表示方差。统计量 t 近似地服从 Student's t 分布，其中自由度的计算方法为：

$$df=\frac{\frac{Var(\overline{Y}_{h-1})}{n_{z-1}}+\frac{Var(\overline{Y}_{h-2})}{n_{z-2}}}{\frac{1}{n_{h-1}-1}\left[\frac{Var(\overline{Y}_{h-1})}{n_{h-1}}\right]^2+\frac{1}{n_{h-2}-1}\left[\frac{Var(\overline{Y}_{h-2})}{n_{h-2}}\right]^2}$$

零假设 H0：如果在置信水平 α 下拒绝 H0，则认为两个子区域间的属性均值存在着明显的差异。

（3）生态探测

用于比较两因子 $x1$ 和 $x2$ 对属性 Y 的空间分布的影响是否有显著的差异，以 F 统计量来衡量：

$$F=\frac{n_{x1}(n_{x2}-1)SSW_{x1}}{n_{x2}(n_{x2}-1)SSW_{x2}}$$

式中：n_{x1} 及 n_{x2} 分别表示两个因子 $x1$ 和 $x2$ 的样本量；SSW_{x1} 和 SSW_{x2} 分别表示由 $x1$ 和 $x2$ 形成的分层的层内方差之和。其中零假设 H0：$SSW_{x1}=SSW_{x2}$。如果在 α 的显著性水平上拒绝 H0，则表明两因子 x_1 和 x_2 对属性 Y 的空间分布的影响存在着显著的差异。

（4）交互作用探测

识别不同风险因子 Xs 之间的交互作用，即评估因子 X_1 和 X_2 共同作用时是否会增加或减弱对因变量 Y 的解释力，或这些因子对 Y 的影响是相互独立的。评估的方法是首先分别计算两种因子 X_1 和 X_2 对 Y 的 q 值：q（X_1）

和 q（X_2），并且计算它们交互（叠加变量 X_1 和 X_2 两个图层相切所形成的新的多边形分布，图 2–5）时的 q 值：q（$X_1 \cap X_2$），并对 q（X_1）、q（X_2）与 q（$X_1 \cap X_2$）进行比较。两个因子之间的关系可分为以下几类（图 2–6）。

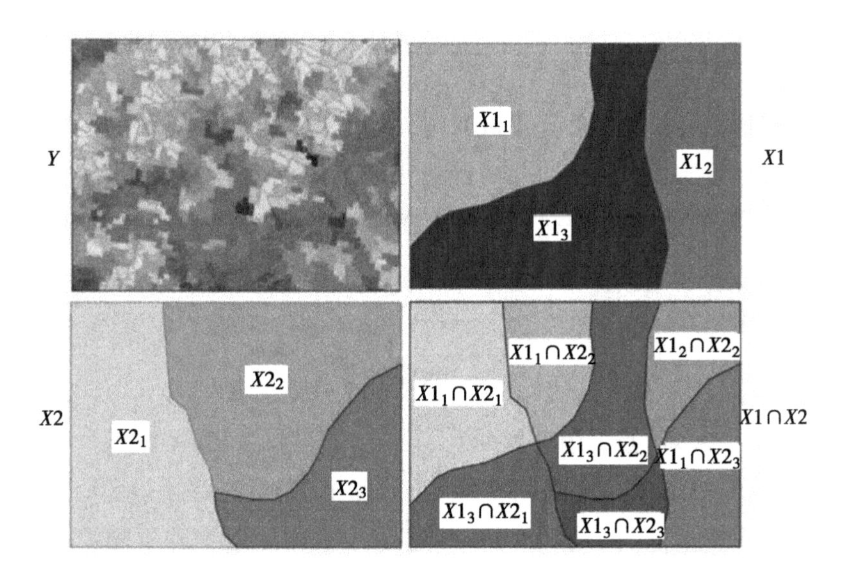

图 2–5　交互作用探测（图片来源:《空间数据分析教程》一书）

注：分别计算出 q（X_1）和 q（X_1）；将 X_1 和 X_2 两个图层叠加得到新图层 $X_1 \cap X_2$，计算 q（$X_1 \cap X_2$）；按照图 2–6判断两因子交互的类型。

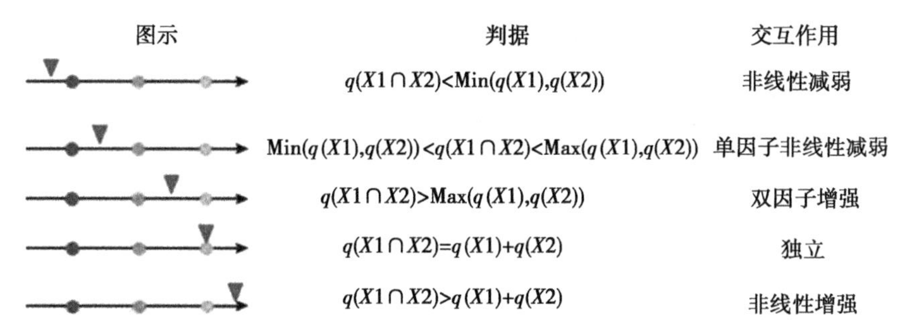

图 2–6　两个自变量交互作用的类型（图片来源:《空间数据分析教程》一书）

2. 地理加权回归

地理加权回归模型（Geographical Weighting Regression，GWR）是一种相对简单的回归估计技术，它扩展了普通线性回归模型，其回归系数 α 不再是全局性的统一单值，而是随着空间位置变化 i 变化的 α_i。从而可以反映解释变量对被解释变量的影响（弹性）随空间位置而变化。

地理加权回归的实质是局域回归，用局域加权最小二乘法求解，其中的权为待估点所在的地理空间位置到其他各观测点的地理空间位置之间的距离函数。这些在各地理空间位置上估计的参数值描述了参数随着地理空间位置的变化，用以探索回归系数空间的非平稳性。其 GWR 数学模型形式为：

$$y_i = a_0(u_i, v_i) + \sum_k a_k(u_i, v_i) x_{ik} + \varepsilon_i$$

式中：y_i 为第 i 点的因变量；x_{ik} 为第 k 个自变量在第 i 点的值，k 为自变量系数，i 为样本点计数；ε_i 为残差；（u_i，v_i）为第 i 个样本点的空间坐标；a_k（u_i，v_i）为在 i 点的局域回归系数。如果 a_k（u_i，v_i）在空间保持不变，则 GWR 退化为全局模型。GWR 用 GLS（Generalized Least Squares）求解（Fothringham et al.，2002），估计值是：

$$a_0(u_i, v_i) = (X^T W(u_i, v_i) X)^{-1} X^T W(u_i, v_i) y$$

式中：W（u_i，v_i）为距离权重矩阵，是一个对角矩阵，对角线元素为（W_{i1}，W_{i2}，…，W_{in}），非对角元素为 0；n 为样本量；W（u_i，v_i）为第 j 点对第 i 点的影响，一种定义是：

$$W_{ij} = \exp(-d_{ij}^2/h^2)$$

式中：d_{ij} 为 i 和 j 两点的距离；h 为自定义带宽。

第3章　城市活力分析案例选取和数据来源

3.1　研究区域概况

3.1.1　城市概况

本研究选取武汉为研究对象，从宏观尺度和中观尺度层面对武汉城市活力的现象特征和影响机制开展多角度研究。

武汉市是湖北省省会，历史文化悠久，地处江汉平原东部，是长江中下游地区的特大中心城市。长江和汉江将武汉中心城区分为武昌、汉口、汉阳3个片区。全市下辖13个市辖区，其中，江岸区、江汉区、硚口区、汉阳区、武昌区、洪山区、青山区7个为中心城区，东西湖区、蔡甸区、江夏区、黄陂区、新洲区、汉南区6个为新城区。武汉市中心城区承担湖北省及武汉市的政治、经济、文化中心和中部地区生产、生活服务中心等职能，具有金融商贸、行政办公、文化旅游、科教信息、创新咨询等区域性中心城市的服务功能。武汉市人口众多，城区面积广，空间结构多样，新城区和旧城区交杂，城市功能复杂，非常适合作为城市活力研究的案例对象。武汉市各区的具体信息如表3-1所示。

表3-1　武汉市各区信息表

辖区	面积（平方千米）	常住人口（万人）	政府驻地
江汉区	28.29	72.96	北湖街道新华下路15号
江岸区	80.28	96.24	四唯街道六合路1号
硚口区	40.06	86.85	荣华街道沿江大道518号
汉阳区	111.54	65.27	建桥街道芳草路特1号

续表

辖区	面积（平方千米）	常住人口（万人）	政府驻地
武昌区	64.58	127.63	积玉桥街道中山路 307 号
青山区	57.12	52.88	新沟桥街道临江大道 868 号
洪山区	573.28	163.75	珞南街道珞狮路 318 号
东西湖区	495.34	56.25	吴家山街道东吴大道 1 号
汉南区	287.05	13.55	纱帽街道纱帽正街 109 号
蔡甸区	1093.17	73.50	蔡甸街道汉阳大街 559 号
江夏区	2018.31	91.37	纸坊街道文化大道 99 号
黄陂区	2256.70	98.83	前川街道黄陂大道 380 号
新洲区	1463.43	90.21	邾城街道红旗街 14 号

截至 2019 年，武汉市中心城区面积约 955.15 平方公里，常住人口为 665.58 万人，占武汉市市域面积的 11.15%、总体人口的 61.10%，人口密度达 0.6868 万人 / 平方公里。

3.1.2 宏观尺度研究范围

宏观尺度研究将武汉市中心城区作为研究区域，具体包括三环线以内区域、沌口和武钢组团，区域内路网密布、城市交通便捷，同时功能复杂，人群聚集度高，活力变化更明显，有利于活力测度和特征分析，选取范围如图 3–1 所示。

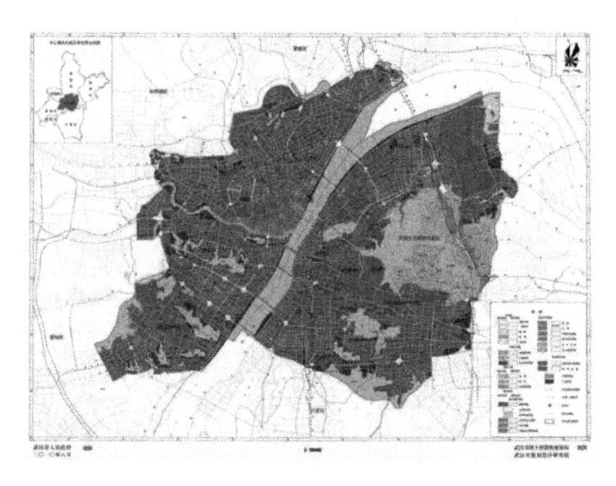

图 3–1　宏观尺度研究区域（武汉市中心城区）范围

（图片来源：作者自绘）

3.1.3　中观尺度研究范围

中观尺度选择武汉市江汉区为研究区域。江汉区南临长江、汉江交汇处，是武汉 7 个中心城区之一，总面积为 28.29 平方千米。江汉区是古汉口镇所在，一直是武汉市重要的商贸金融和商业服务功能区。江汉区呈狭长的带状，从长江江边延伸至武汉市的三环。江汉区从沿江到三环的街道肌理变化也反映了武汉近现代城市扩张发展的历史。江汉区老城区街道规划设计受租界的影响，街区尺度较小，规划整齐，路网密度高。改革开放以来，受到城市扩张和车行导向道路规划设计影响，江汉区由一环向三环发展，街道尺度则逐渐呈现多样化，路网密度逐渐变稀疏。上述路网特征一定程度上也可以代表武汉市所有城市街道的整体特点。因此，以街道为单元开展的中观尺度研究选择江汉区作为研究对象，选取范围如图 3-2 所示。

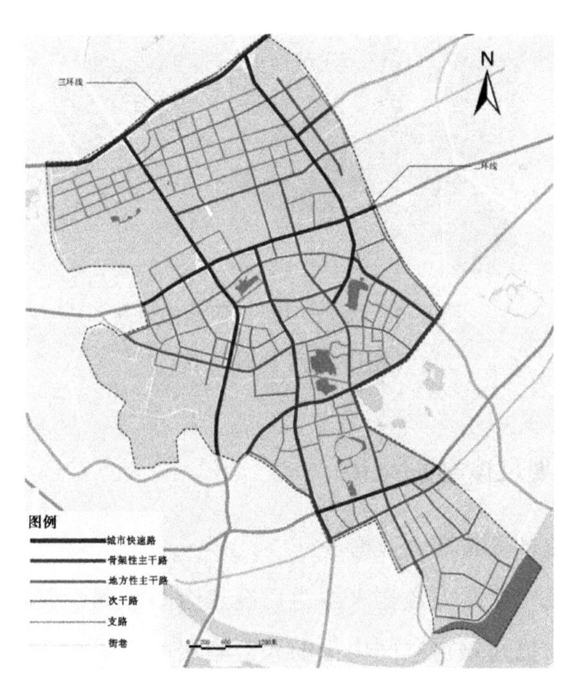

图 3-2　中观尺度研究区域（江汉）范围

（图片来源：作者自绘）

3.2 宏观尺度城市活力数据处理

3.2.1 宏观尺度分析样本

在城市宏观尺度上，本文将武汉市中心城区按照 1000m × 1000m 的正方形网格划分为 1095 个网格（限于行政区划，并非全部都是正方形网格），将其作为宏观尺度城市活力研究单元，设定网格如图 3–3 所示。

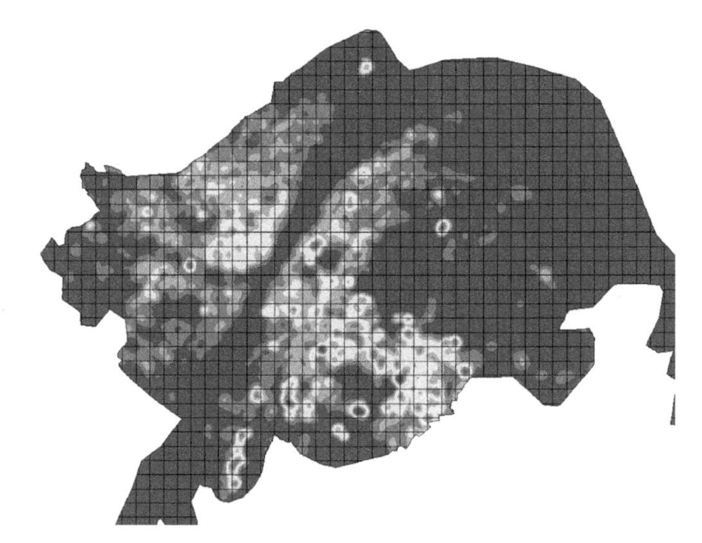

图 3–3 武汉市中心城区网格划分

（图片来源：作者自绘）

3.2.2 宏观尺度数据来源

1. 宏观尺度的城市活力数据

本研究宏观尺度活力数据来源为百度热力图数据，在时间上可以通过人群密度变化来描述城市空间内部的人群集聚程度，在空间上可以通过位置数据描述聚集特征，能够较好地表达城市人群的时空分布。

本研究数据获取于 2019 年 12 月 12 日至 12 月 15 日早上 9：00 到夜里 2：00，利用网络爬虫工具每间隔 1 小时对百度热力图数据进行爬取和记录。日期选取上包括了工作日和非工作日：12 月 12 日和 12 月 13 日为工作日（周四、周五），12 月 14 日和 12 月 15 日为非工作日（周六、周日）。爬取数据的空间范围为武汉市三环以内区域，以及外围的沌口和武钢组团。百度热力图原始数据集中，单个数据点的辐射范围为 25m × 25m，包括 4 个属性，分别为经度、纬度、时间和人口活动强度。具体信息如表 3–2、图 3–4 所示。

表 3–2　热力图数据描述

字段	数据示例	描述
count	2	活力强度
wgs_x	114.194368	经度（WGS84）
wgs_y	30.647773	纬度（WGS84）
time	2019–12–12 9：00：00	获取时间

图 3–4　热力图数据（图片来源：作者自绘）

研究对百度热力图数据进行栅格数据坐标校对、属性的提取与分类，利用核密度计算形成栅格数据，同时叠加路网、POI 数据、建筑分布、公共绿地及水体、第六次人口普查中的常居人口分布数据等空间矢量数据建立数据库。

2. 宏观尺度的城市建成环境数据

本研究爬取武汉市行政区划、百度地图 POI 数据等数据作为城市建成环境数据的来源。具体包括文本数据与空间矢量数据两类，城市 POI 数据、建筑高度为文本数据，路网、建筑轮廓、水体、公共绿地等为空间矢量数据。本研究所用城市 POI 数据来源为百度地图，具体数据内容如表 3–3 所示。

表 3–3　POI 数据描述

字段	数据示例	描述
ID	B001B04B7F	唯一 ID
NAME	大禹水利水电建设有限责任公司	POI 名称
adname	武昌区	所在区域
wgs_x	114.298597	经度（WGS84）
wgs_y	30.54797	纬度（WGS84）
type	公司企业	POI 类型

研究所爬取的城市 POI 功能类型属性包括餐饮服务、道路附属设施、地名地址信息、风景名胜、公共设施、公司企业、购物服务、交通设施服务、金融保险服务、科教文化服务、摩托车服务、汽车服务、汽车维修、汽车销售、商务住宅、生活服务、室内设施、体育休闲服务、通行设施、医疗保健服务、政府机构及社会团体、住宿服务共计 22 类。本研究进一步根据城市用地分类及研究需求，排除部分无用数据，将 POI 功能类型属性进一步划分为居住用地类、政府及公共设施用地类、教育文化用地类、商业及金融用地类、行政办公用地类、商业消费类 6 类，如表 3–4 所示。

表 3–4　POI 分类表

大类	小类
居住用地	地名地址信息、住宅区、商务住宅
政府及公共设施用地	政府机构及社会团体、医疗保健服务
教育文化用地	风景名胜、公共文化设施、科教文化服务、教育培训
商业及金融用地	金融保险服务等
行政办公用地	公司企业
商业消费类	餐饮服务、购物服务、摩托车服务、汽车服务、汽车维修、汽车销售、生活服务、体育休闲服务、住宿服务

本研究涉及多种时空数据，在研究初始需要对原始数据进行坐标转换、数据清洗、计算几何、数据入库等预处理。针对空间文本数据，通过投影坐标系转化后导入 GIS 平台中，形成统一的矢量空间数据。

3.3　中观尺度城市活力数据处理

3.3.1　中观尺度分析样本

本文参照武汉市街道设计导则，将街道界定为“城镇范围内、能承载人们日常社交生活的道路”。住宅区、封闭社区、公园和各类行政机构内部的道路对普通公众不开放，总体可达性较低；三环线道路以高架为主，道路两侧无人行道，并不作为承载市民日常生活的功能。因此本研究对于街道空间活力研究的样本处理上，排除了封闭的住宅区、各类机关单位和公园内部的道路，以及武汉市三环线，最终样本选取的标准为江汉区的公共可以到达的所有街道，并包括街道红线范围、对街道活力有直接影响的建筑底层商铺、小的开敞空间等。本次研究涉及的街道包括江汉区中城市快速路、骨架性主干路、地方性主干路、次干路、支路和街巷，其中次干路、支路和街巷人行较多，车速较低，在此次研究区域内占比较大，街道两侧有人流较多的公共服务设施、休闲娱乐场所。城市快速路、骨架性主干路和地方性主干路交通量较大，其通行性大于生活性，在此次研究区域内占比较少。

通过对武汉市江汉区路网进行的实地调研和测绘，研究以街道相互间的连接口作为每个样本路段的自然分界点，保证研究区域各样本街道间的空间连通性基本统一。考虑到利用街景图片进行分析的可行性，除去了封闭区域内的非公共性质街道、三环线以及无街景覆盖的街道，共得到了 471 条城市街道作为此次研究的样本。

3.3.2 中观尺度数据来源

1. 中观尺度城市活力数据

中观尺度城市活力数据来源于爬虫程序抓取使用百度 App（包括百度贴吧、百度搜索、百度地图等）手机定位点的空间数据，该数据可在限定范围内，每间隔一定时间爬取一次。数据记录了抓取发生时间以及空间坐标。

为了控制极端天气对研究变量的影响，分别选择 10 月天气良好利于城市居民出行的普通非工作日和工作日各两日，共计 4 日，在爬虫软件中每隔 1 小时对案例区域及周边范围内不间断地进行实时热力数据抓取，获得该设定范围 4 日内共计 52 个时间切片的实时热力数据，原始数据共计 7957880 条。

2. 中观尺度城市建成环境数据

本研究对案例区域 97 个样本街段进行了实地调研，采用了实地勘测法、爬虫数据、百度地图数据等方式获取了 471 个街段的相关街道建成环境特征的基础数据，12 个数据指标来源如表 3–5 所示。

表 3–5　城市街道建成环境指标体系及数据来源

数据来源	城市街道建成环境指标
POI	距商业中心距离
	距最近商业综合体距离
	距最近地铁站距离
	公交站密度
	功能（POI）混合度
	功能（POI）混密度
实地调研	机动车道限速等级
	非机动车通道安全级别
	机动车道宽度
	非机动车道以外铺装宽度
百度街景	绿视率
	开阔度

（1）高德地图 POI

POI（Point Of Interests）即兴趣点，指城市中与生活息息相关的各类地理实体，如商店、学校、医院等。目前，多个互联网公司均提供 POI 数据获取的端口，其中高德地图提供大量免费的底图点线面数据，通过对外开放的 API 接口可对需要的 POI 数据进行爬取。研究通过高德地图平台，根据简化后的样本街道，采集街道两侧 50 米内与城市活力相关的 POI 点位，结合实际调研对采集的数据进行补充和校对，最终采集 POI 点位数共计 58208 条。参照相关文献的分类方法，将筛选后的 POI 数据分为商业、科研教育、公司企业、交通运输、政府机构、住宅区、绿地、其他共 8 大类，具体要素类别及数量如下表统计所示（表 3–6）。

表 3-6　样本街段 POI 点位数及类别统计

POI 类别	点位数（个）	类别
P01 公司企业	4601	公司企业
P02 公交站	203	交通运输
P03 地铁	142	交通运输
P04 停车场	2121	交通运输
P05 科教文化服务	1897	科研教育
P06 风景名胜	120	绿地
P07 餐饮服务	6926	商业
P08 购物服务	17644	商业
P09 金融保险服务	877	商业
P10 汽修服务	675	商业
P11 生活服务	9341	商业
P12 体育休闲服务	1029	商业
P13 医疗保健服务	1313	商业
P14 住宿服务	2090	商业
P15 政府机构	1658	政府机构
P16 住宅小区	7075	住宅区
P17 综合信息	496	其他

（2）百度街景图片

街景图片是一种从人本视角记录物质空间和社会空间的有效数据源，是认识人本尺度城市形态的重要渠道，也是观察和记录日常生活的重要手段。近年来，街景图片被应用于城市规划方面的研究，尤其是在对街道的研究有了新的方法突破。街景图片具有信息量大、节约调研成本和时间的优点，能够对街道景象特征进行多方位、多层次的考量和对比分析，是开展量化评价的有效数据源。

高德地图、腾讯地图、百度地图均可通过 API 获取街景图片，并根据研究需要对其相关要素进行识别和评估。本次研究为了使所获取的百度街景图片更加接近行人的视角，按照每隔 30 米的间距，分别在街道两侧对称的每个位置取前后左右图片各一张，采集了 2019 年 10 月的百度街景图片数据，忽略了季节变化对街景的影响。获取的图片带有唯一标识符、经纬度坐标、像素大小和水平大小等信息，共计 10902 个爬图点，采取 43608 张有效图片，总采样 471 条街段（图 3–5）。

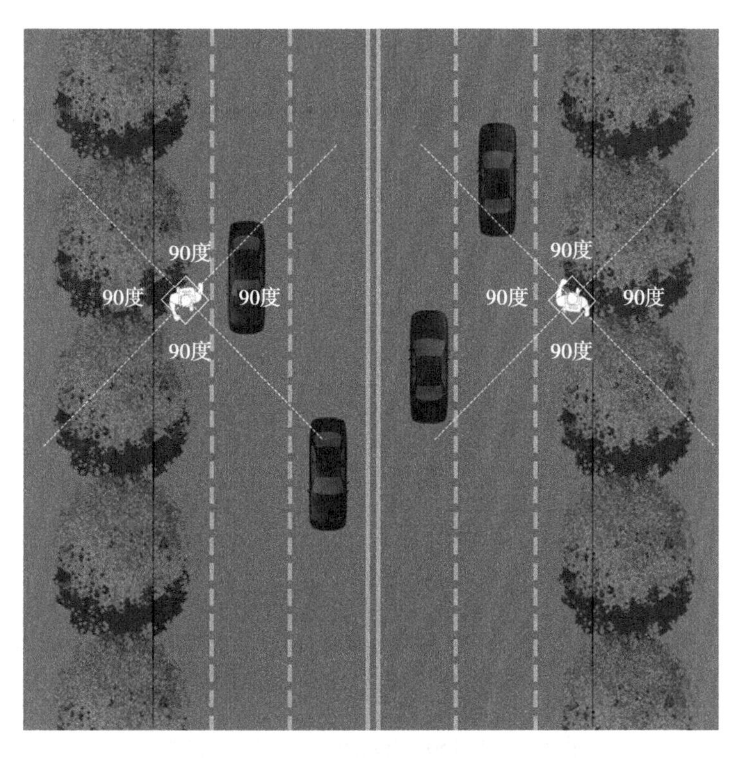

图 3–5　百度街景图片采集示意

通过 Python 图像处理库 OpenCV 对采集的百度街景图片进行处理，较为精确地根据图片中不同物体的色相将图片转化为 HSV 格式（图 3–6）。然后通过识别不同色彩在图片中所占的比率来计算绿视率和开阔度，然后将每个点前后左右四张街景图片的所得值取其平均值，再将每条样本街道的所有点的值取平均值并链接到研究的街道上，从而获得每条街道对应的绿视率、开阔度两个指标的量化数值（图 3–7）。

图 3-6　样本街段百度街景图片

图 3-7　Python 街景图片处理 HSV 格式

（3）实测数据

本研究对案例区域 471 个样本街段结合谷歌地图进行了实地调研，部分街段的环境现状如图 3-8 所示。通过激光测距仪实测、谷歌卫星图识别、得到了 471 条样本街段的机动车道宽度、非机动车道以外铺装宽度、非机动车通道安全级别进行了测量与统计。城市街道的机动车限制最高车速根据武汉市城市交通规划（2009—2020）对道路级别的要求以及城市道路技术指标确定。

图 3-8　研究样本部分街段环境现状

第4章　宏观尺度城市活力表征及时空变化模式

4.1　宏观尺度城市活力表征

宏观尺度下，城市人群在城市范围内由于多种社会交往活动随时间在空间内聚集分散，即城市活力的外在表征为城市人群及其活动的时空分布。而城市人群聚集及分散的状态受城市形态、城市功能以及人的社会性行为等因素影响。

城市活力外在表征是指城市人群及人群活动的分布，人群活动的特征直接反应空间的活力情况，具体表现在时间和空间两个层面。时间层面表现为不同时间内城市人群趋于不同类型的城市活动。空间层面表现为宏观、微观两个方面。宏观为城市人群活动丰富性与持续性，即不同时间特征人群趋于不同城市活动，同一时间特征人群趋于同种城市活动；微观层面包括城市人群活动的规模强度（数量及密度）、区域范围变化（空间聚集分布）、方向变化（城市人活动的范围移动）等。

在大尺度的城市活力研究中，由于样本量的规模巨大且空间范围广阔，研究对象相较于个人的活动特点更关注群体性的行为特征与需求，即人群活动特征。De Nadai（2016）、Yue（2017）、王玉琢（2017）等都在研究中使用了手机持有量或者手机通话量表征城市活力，而龙瀛、周垠（2016）以手机信令数据反映的人口密度表征街道空间的活力。赵艺（2018）、宋沿（2018）、王录仓（2018）等在研究中通过百度热力数据携带的热力值信息，反映人口分布集聚度。其他时空大数据（包括夜光遥感数据、大众点评数据、位置签到数据等）也逐渐应用于城市活力研究（宋太新，2016；张程远等，2017；张梦琪，2018）。相对于传统的调研方法，新数据的使用具有适应大尺度研究、省时省力的优势。

综上所述，本书使用城市人群时空分布对城市活力状态进行描述，对百度热力图数据核密度分析，并将子样本空间内人群的核密度值作为观察时间点上各子样本区域空间活力的指标，通过 ArcGIS、SPSS 数据处理平台对采集的武汉市中心城区百度热力图数据进行核密度处理与统计，并叠加行政区划等数据，从时间、空间、重心位置偏移 3 个层面，并区分工作日和非工作日进行分析，总结城市活力的时空变化规律。

4.2　宏观尺度城市活力时间变化特征

4.2.1　宏观尺度城市活力总体变化特征

本研究在时间维度上，从白天和夜间以及单日不同时段两方面对城市活力的变化规律开展分析。首先对白天和夜间数据加以比较分析，结合工作日和非工作日，将样本划分为工作日白天、工作日夜间、非工作日白天及非工作日夜间 4 段，具体情况如表 4–1 所示。

表 4–1　宏观尺度城市活力记录示例

字段	数据示例	描述
ID	32	网格唯一编号
工作日白天	138.6051	城市活力值
工作日夜间	59.4574	城市活力值
非工作日白天	126.9774	城市活力值
非工作日夜间	58.8666	城市活力值

在对数据划分为白天和夜间的基础上，进一步细化时间段并对各个时间段的城市活力程度进行综合测算，结果如图 4–1 所示。

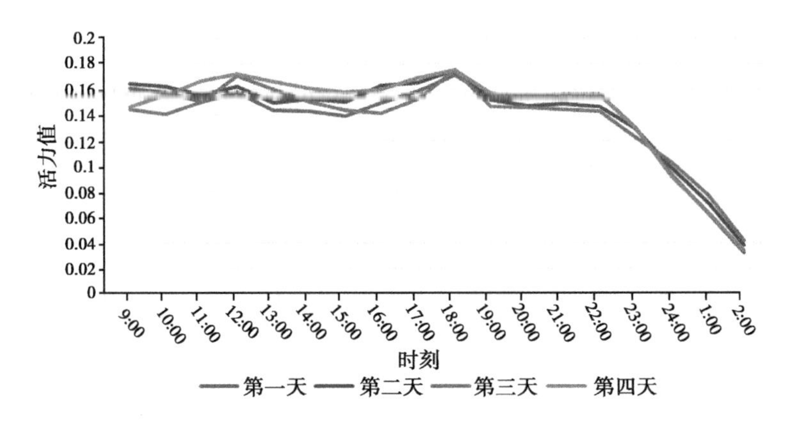

图 4–1　城市活力总体波动曲线（图片来源：作者自绘）

城市活力总体波动曲线以 9：00 到第二天凌晨 2：00 时段为横轴，以每时城市活力值为纵轴，数据点与折线反映了城市活力强度随时间顺序的增减波动变化趋势。从城市活力总体波动曲线来看，城市活力在 22：00 后急剧下降，其余时段波动较为平稳，故而选择 9：00 到 22：00 作为研究的时间范围。

4.2.2　工作日与非工作日城市活力变化对比

区分工作日和非工作日的城市活力总体波动曲线如图 4–2 所示，工作日的城市活力变动可以分为 3 个阶段：活力减弱期、活力波动期、活力稳定期。非工作日的城市活力变动可以分为 3 个阶段：活力凝聚期、活力波动期、活力稳定期。其中，工作日城市活力高峰值与非工作日的高峰值保持一致，且均在 18：00 出现。

对比工作日和非工作日的城市活力后发现，工作日和非工作日整体变化趋势相似，但局部有所不同。相似点在于：工作日和非工作日的城市活力从 18：00 由高峰回落，并在 19：00 开始保持相对稳定。不同点在于：①工作日城市活力的初始变化趋势与非工作日城市活力初始变化趋势不同，工作日城市活力变动表现为 9：00 到 12：00 呈现由高到低、由低到高的变化轨迹，在 12：00 时到达第一个高峰；非工作日城市活力空间变动则表现为从早上 9：00 到 12：00 逐渐升高的趋势，在 12：00 时到达第一个高峰；②工

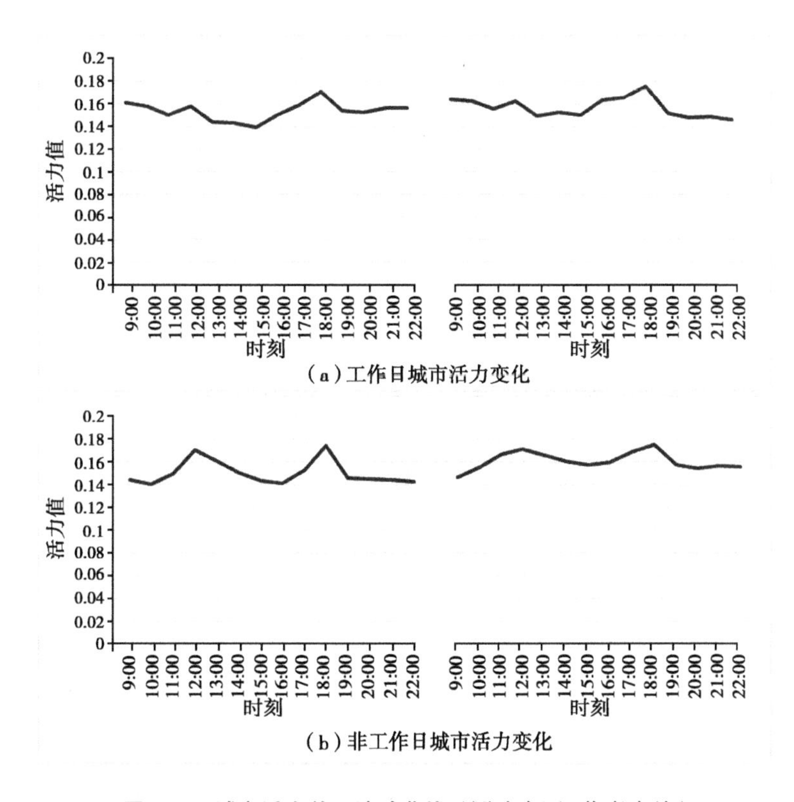

图 4–2　城市活力单日波动曲线（图片来源：作者自绘）

作日城市活力减少速率与非工作日不同。工作日 12：00 到 13：00 迅速到达波谷，15：00 左右重新开始回升，18：00 到达第二个高峰；非工作日则表现为 12：00 到 16：00 缓慢降低，并于 16：00 开始回升，18：00 到达第二个高峰；③19：00 后工作日与非工作日城市活力的相对稳定状态则是工作日的城市活力值略低于非工作日的城市活力值。

工作日和非工作日城市空间活力变动的表现与城市人群具体活动变动相关。具体表现为：在工作日，上午 9：00 城市人群到达工作目的地后进入工作状态，除却必要的工作联系等，其余活动减弱，故而整体城市活力值降低；11：00 到 12：00，城市人群准备订餐或准备回家，活力值开始上升；12：00 到 13：00，城市活力迅速降低，这与城市人群餐饮休闲有关，13：00 到 15：00 城市人群逐渐进入工作状态；15：00 到 18：00 由于工作需求及下班时间的到来，城市活力回升，18：00到达最高峰；18：00到19：00为通勤及晚间用餐时间，城市活力迅速降低；19：00后为城市人群夜间娱乐，城市活力保持相对稳定；在非工作日，上午9：00前，城市人群活动生活节奏变慢，因而初始城市活力比工作日低，整体也呈现逐渐上升趋势，12：00午餐时间到达活力高峰，12：00到16：00人群活动逐渐固定，城市活力值逐渐降低，16：00到18：00由于晚餐时间及夜间生活的到来，活力值回升，18：00到达波峰，19：00后，城市人群活动固定，城市活力保持相对稳定，且非工作日城市活力强于同时段工作日城市活力。

4.2.3 城市活力逐日变化特征

1. 测算方法

逐日测算城市活力总量，4天的城市空间活力总量分别为：2.1515、2.1957、2.1085、2.2547，均在2.1776上下波动，波动幅度为正负3%。为进一步验证4天城市空间活力总量关系，将每个样本的每天城市活力进行皮尔逊相关性分析。

皮尔逊相关性分析可以用来反映两个随机变量之间的线性相关程度，在数据标准化的前提下可以用来分析两个变量的相似度，具体的计算公式为：

$$r=\frac{\sum_{i=1}^{N}(X_i-\overline{X})(Y_i-\overline{Y})}{\sqrt{\sum_{i=1}^{n}(X_i-\overline{X})^2}\sqrt{\sum_{i=1}^{n}(Y_i-\overline{Y})^2}}$$

其中：n是样本数量，X_i、Y_i是变量X、Y对应的i点观测值，$\overline{X}$是X样本平均数，$\overline{Y}$是Y样本平均数。r的取值在-1与1之间。取值为1时，表示两个随机变量之间呈完全正相关关系；取值为-1时，表示两个随机变量之间呈完全负相关关系；取值为0时，表示两个随机变量之间线性无关。

2. **分析结果**

城市活力皮尔逊相关性如表 4-2 所示。

表 4-2　城市活力皮尔逊相关性表格

城市活力		工作日 1	工作日 2	非工作日 1	非工作日 2
工作日 1	皮尔逊相关性	1	0.999**	0.978**	0.982**
	显著性（单尾）		0.000	0.000	0.000
	个案数	1095	1095	1095	1095
工作日 2	皮尔逊相关性	0.999**	1	0.984**	0.986**
	显著性（单尾）	0.000		0.000	0.000
	个案数	1095	1095	1095	1095
非工作日 1	皮尔逊相关性	0.978**	0.984**	1	0.997**
	显著性（单尾）	0.000	0.000		0.000
	个案数	1095	1095	1095	1095
非工作日 2	皮尔逊相关性	0.982**	0.986**	0.997**	1
	显著性（单尾）	0.000	0.000	0.000	
	个案数	1095	1095	1095	1095

注：** 在 0.01 级别（单尾），相关性显著。

工作日 1 与工作日 2、非工作日 1、非工作日 2 的皮尔逊相关性系数分别为 0.999、0.978、0.982，工作日 2 与非工作日 1、非工作日 2 的皮尔逊相关系数分别为 0.984、0.997，非工作日 1 与非工作日 2 的皮尔逊相关系数为 0.997，结果表明城市活力总量极度相似。

4.2.4　城市活力空间变化规律

将工作日与非工作日各个时段的城市空间活力进行叠加测算整日的平均活动强度（9：00—22：00），分析武汉市中心城区人群活动在空间上的整体分布及变动趋势。

从工作日与非工作日城市活力整体分布图（图 4–3、图 4–4）来看，武汉市中心城区城市活力呈现出明显的空间差异。

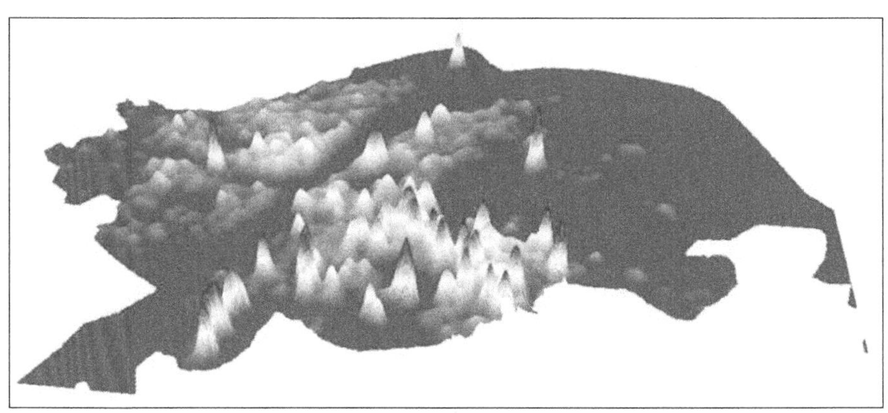

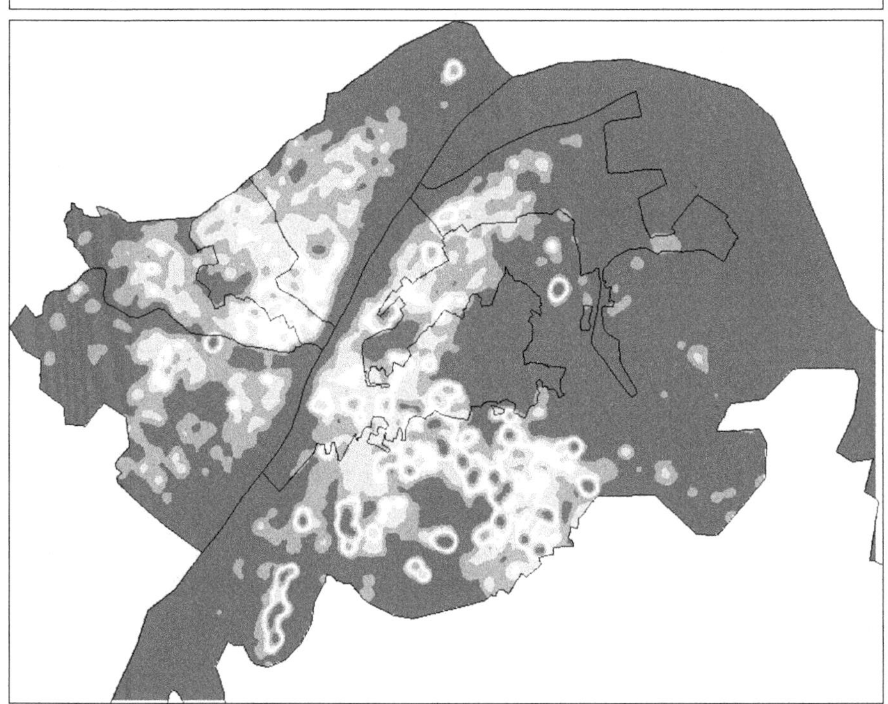

图 4–3　工作日城市活力整体分布图（三维、平面）（图片来源：作者自绘）

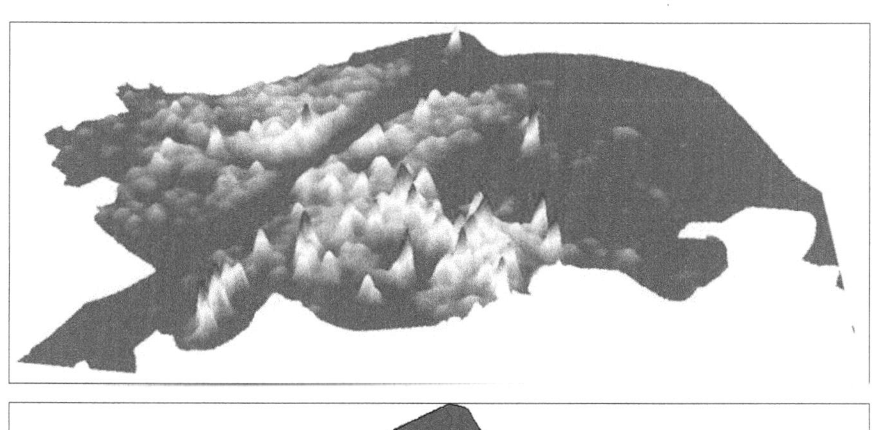

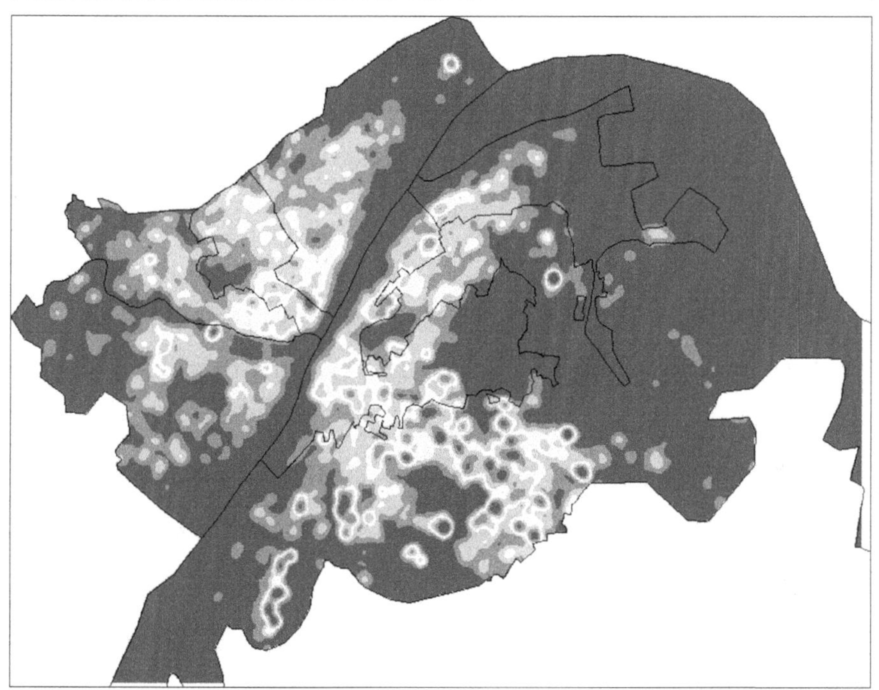

图 4–4　非工作日城市活力整体分布图（三维、平面）（图片来源：作者自绘）

汉阳区城市活力值相对较弱且分布较为平均，仅在张之洞纪念公园及汉阳铁厂附近表现出较高的城市活力；江岸区城市活力表现为东北及西南相对较高，东北城市活力聚集较强的分布在湖北大学知行学院附近，西南城市活力聚集分布较强的分布在循礼门、江汉路、大智路地铁站周边；江汉区城市活力分布呈现西北低，东南高的趋势，城市活力较高的区域为地铁站

（循礼门、江汉路、友谊路）周边、中山广场及协和医院附近，相对较高的为万达广场周边；硚口区城市活力分布表现为由东向西北逐渐降低的趋势，东部的汉正街地铁站附近及华中科技大学同济医学院、中国地质大学汉口校区附近表现出较高的聚集度，中部区域则在千禧城和新华社区附近表现出较高的聚集度；武昌区城市活力表现为由东部向西部逐渐升高趋势，活力较低区域为东湖风景区周边，西部区域城市活力较高的范围有武汉理工大学、销品茂和湖北大学周边及部分道路沿线，如彭刘杨路、中南路、珞喻路虎泉街；青山区城市活力表现为东部低，西部高，城市活力聚集最为密切的区域为武汉科技大学周边；洪山区城市活力聚集最为密集且成片聚集，集中分布在学校、交通站点及部分商业街附近，包括武汉科技大学、湖北中医药大学、武汉交通职业学院、湖北工业大学、华中农业大学，光谷火车站附近，以及街道口、楚河汉街、光谷广场等商业街区，均为典型的高活力区域。

由此可知，城市活力高值地区主要分布在武汉市城市二环内，分布地点主要为商业区、交通枢纽、大学周边及部分城市居住组团，尤其是城市中心的老城区。该类地区仍保持街巷多、高密度及功能集约的特点。而中心城区外围的活力整体较低，局部城市活力相对较高。越远离城市中心，城市活力分布越低，且由于远离城市政治、经济、文化中心，人口密度远不如城市中心区。

4.2.5 城市活力时间变化规律

在对武汉主城区城市活力空间特征分析的基础上，研究进一步解析城市活力在时间维度上的动态变化规律，具体研究内容从工作日与非工作日，以及单日内的不同时段情况两方面展开。

1. 工作日与非工作日城市活力的对比分析

首先，本研究对城市活力在工作日与非工作日的情况进行对比分析，整体对比（图 4–5）发现：城市空间活力的极高值零星分布，且主要集中在阅马场、民族大道与雄楚大道沿线、武汉火车站附近、黄家湖西路沿线，其活力极值出现在工作日。同时城市空间活力的蓝色洼地成片区出现，说明非工作日城市活力相对较高的区域分布更广；即工作日城市空间活力的聚集程度要比非工作日的聚集程度要高，但分布范围较非工作日的分布范围小（图 4-6~ 图 4-7）。

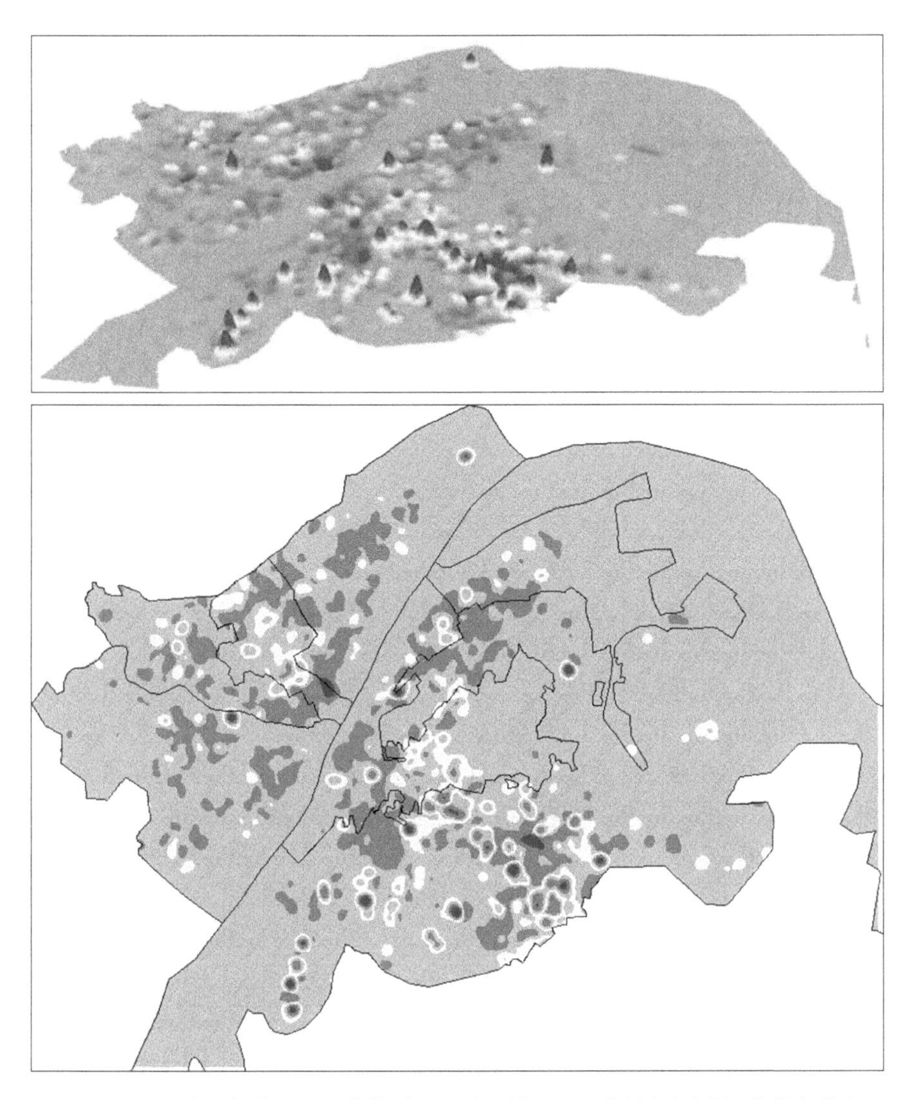

图 4–5　工作日与非工作日整体对比图（三维、平面）（图片来源：作者自绘）

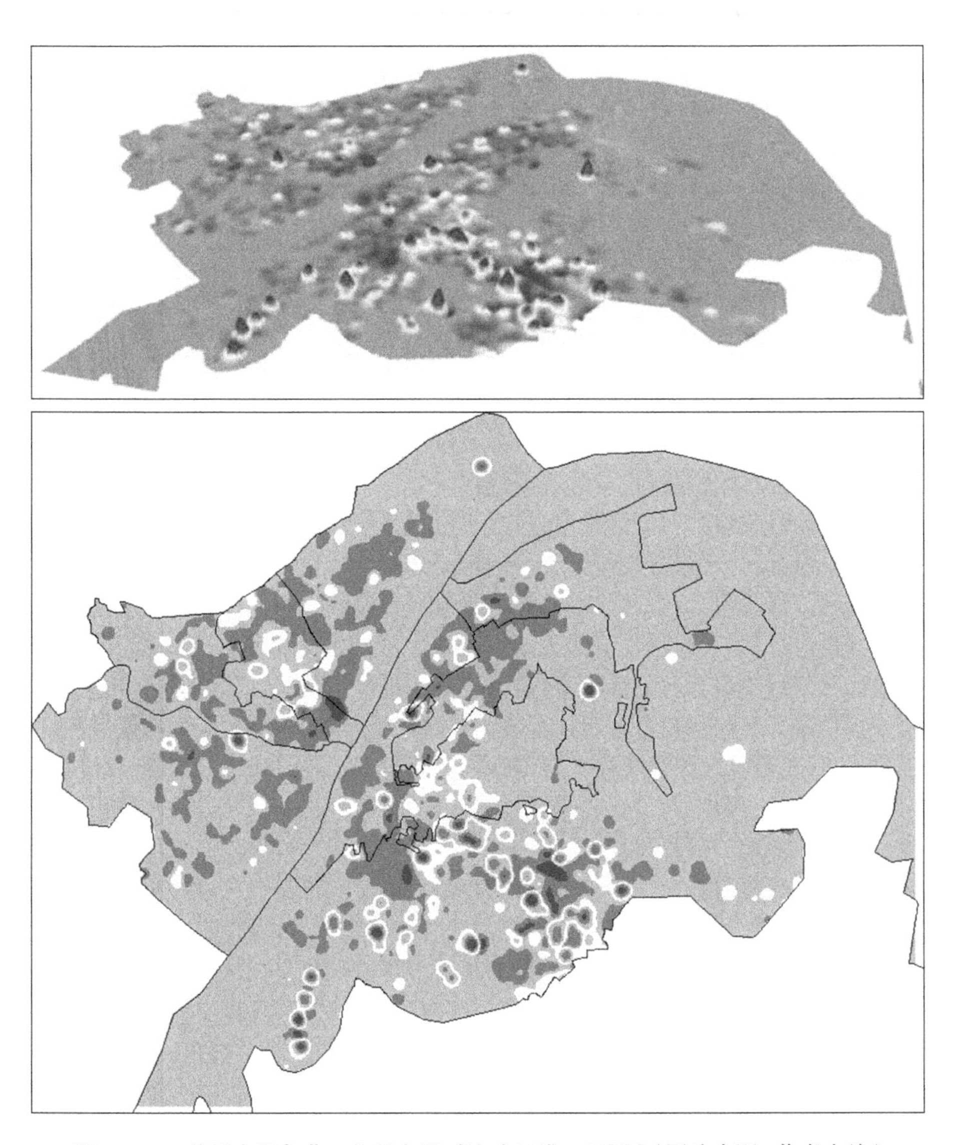

图 4–6　工作日白天与非工作日白天对比（三维、平面）（图片来源：作者自绘）

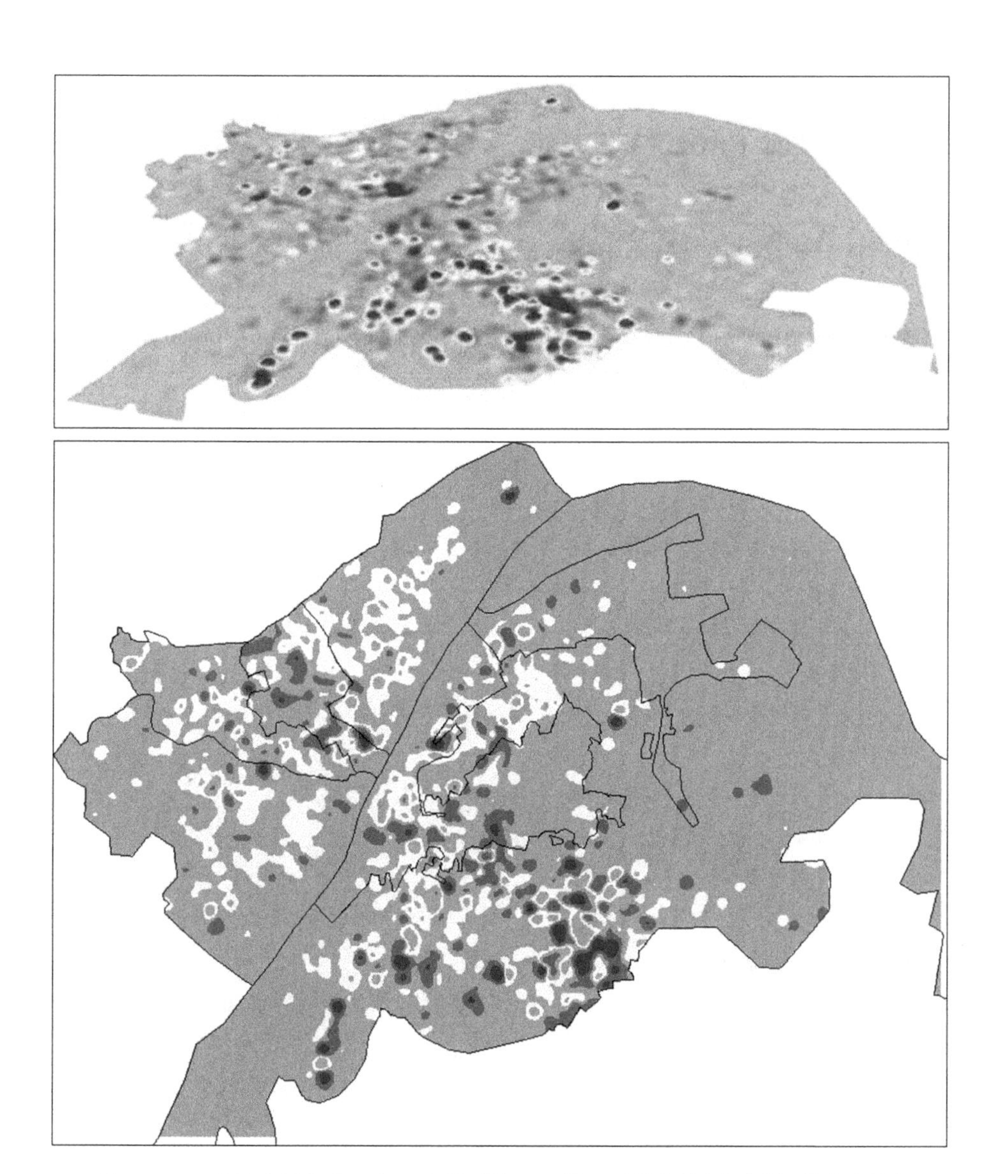

图 4-7　工作日夜间与非工作日夜间对比（三维、平面）（图片来源：作者自绘）

结合工作日与非工作日的昼夜对比（图 4–8~ 图 4–9）发现：工作日昼夜城市活力的变动差值大，非工作日昼夜城市空间活力的变动差值小；工作日昼夜变动范围小，非工作日昼夜变动范围大。这个结论从一定程度上验证了工作日与非工作日城市活力总值基本相等（上下误差 3%）的同时，城市活力在白天与夜晚的空间特征具有显著差异，说明伴随着郊区化的推进，城市居民的职住分离现象越来越明显。

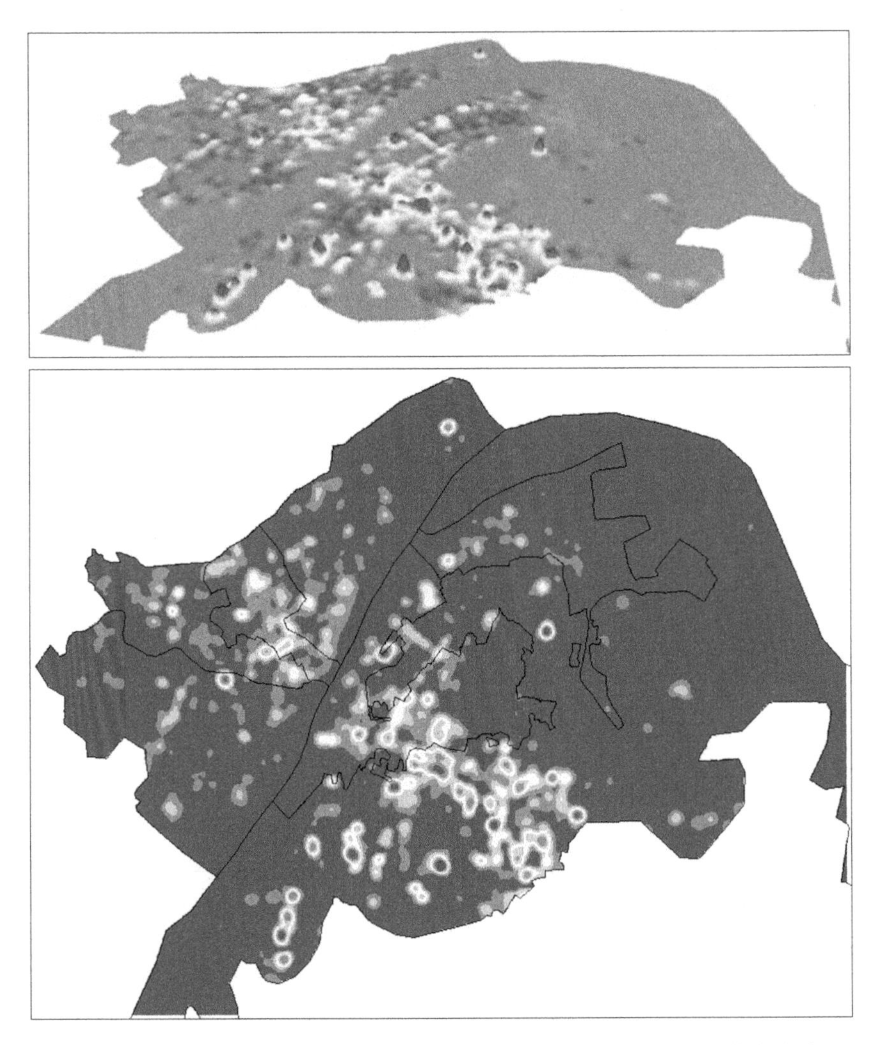

图 4–8　工作日白天与工作日夜间对比（三维、平面）（图片来源：作者自绘）

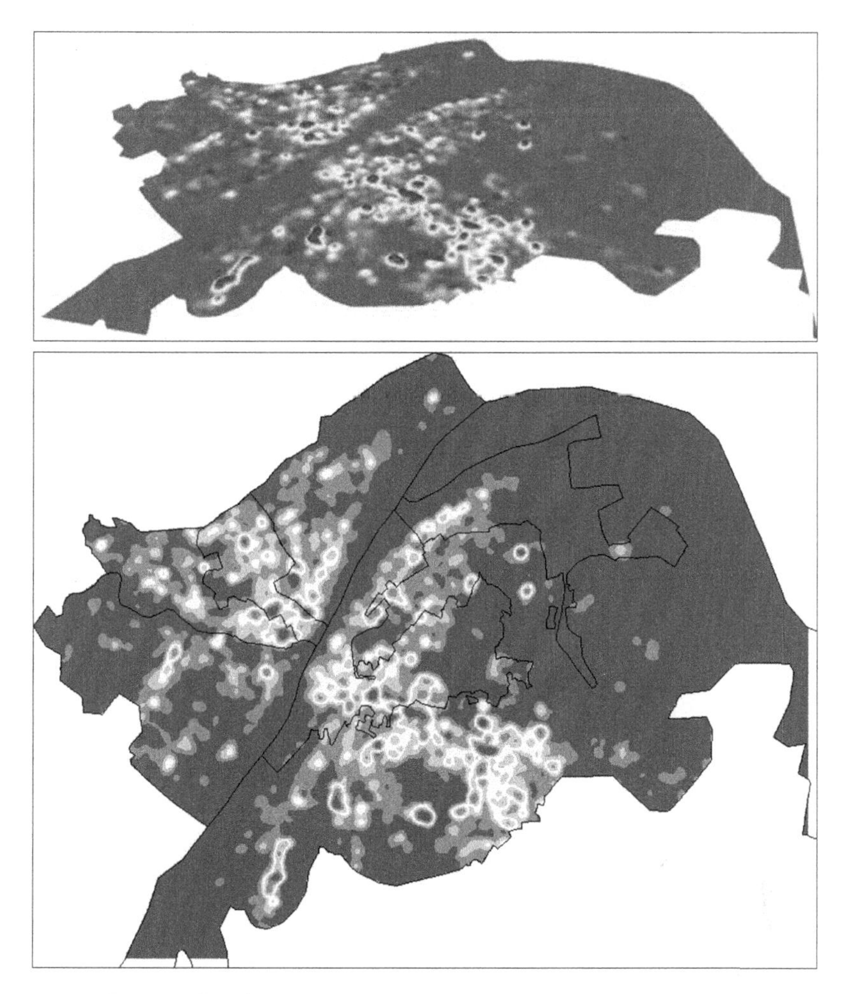

图 4-9　非工作日白天与非工作日夜间对比（三维、平面）（图片来源：作者自绘）

2. 城市活力单日变化分析

为了更加深入地表达城市活力在时段上的变化情况，将工作日与非工作日每个时段的城市活力与前一相邻时段进行对比分析，结果如图 4-10 所示（图中深色表示变动大，浅色表示变动小）。

从工作日全天的城市活力变动情况来看，武汉市中心城区的城市活力在不同时段上呈现出“多点聚集—波动变化—持续波动”的变化趋势。

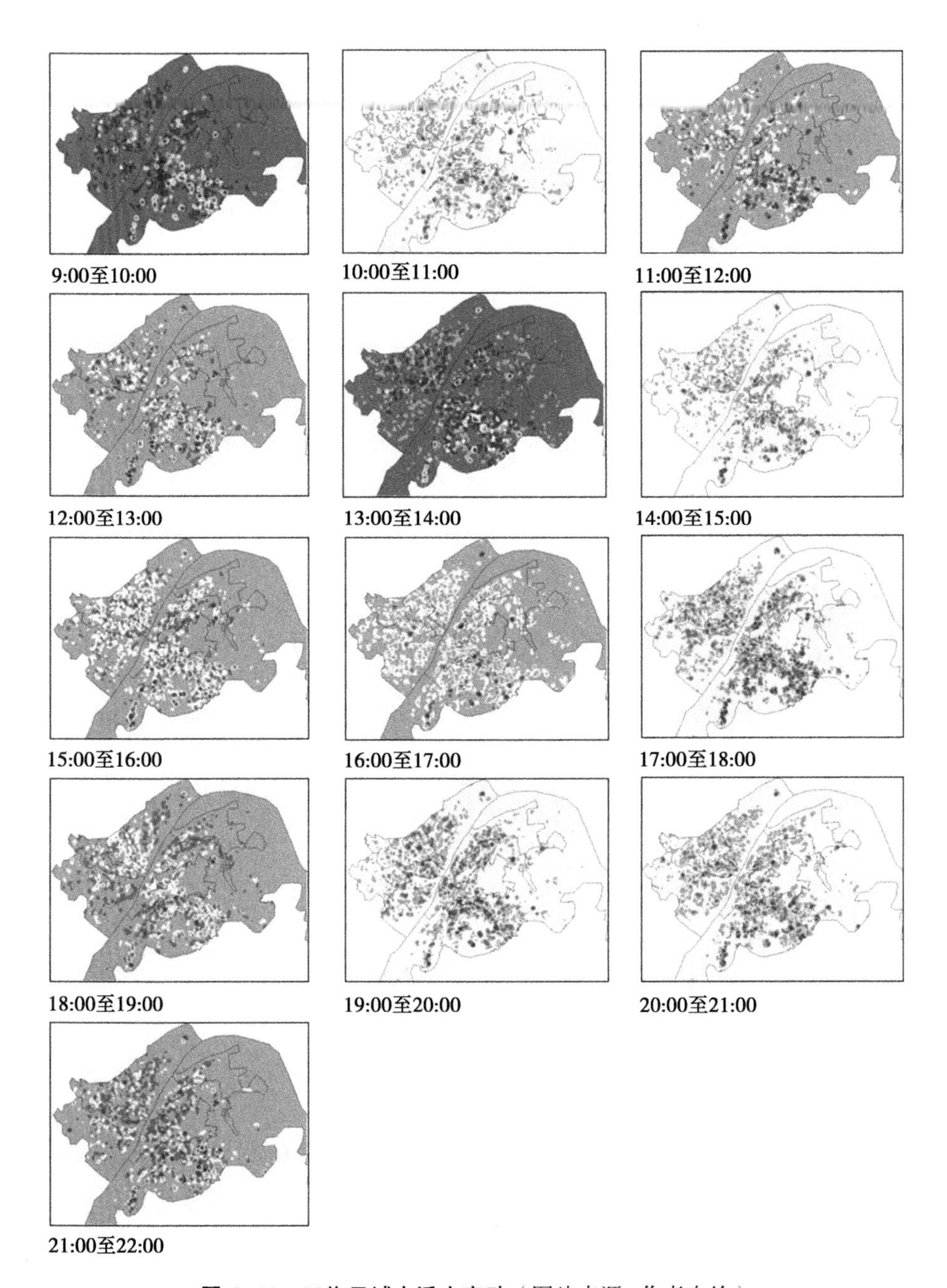

图 4–10　工作日城市活力变动（图片来源：作者自绘）

9: 00 至 10: 00 城市活力开始呈现比较明显的高值集聚的模式。城市活力由分散开始向多个固定节点开始集中，包括以江汉路地铁站为代表的城市商业中心区地铁站，南湖大道、民族大道与雄楚大道等高密度城市街道沿线、武汉火车站等重要交通枢纽附近，以及徐东商圈等城市重要商圈附近。

10: 00 至 19: 00 城市活力波动变化，但整体保持相对稳定的态势。

10: 00 至 13: 00 为周边分散阶段，其中 10: 00 至 12: 00 是由于工作日工作人群在到达工作地后除却工作及必要活动外，城市活力开始向周边扩散，12: 00 至 13: 00 则是由于午餐及午间休息，城市活力向周边扩散，扩散范围较小。13: 00 至 14: 00 为多点回升阶段，这是由于工作时段的到来，午餐及休息的结束导致工作人群开始重新聚集，城市活力聚集点与“多点聚集”位置相同。14: 00 至 18: 00 的表现与 10: 00 至 12: 00 相似，同样是由于城市人群就业活动造成该类变动。18: 00 至 19: 00 为周边分散阶段，这是由于工作时间的结束，工作人群开始分散，扩散范围大且扩散值相对较高。

19: 00 至 22: 00 持续波动，城市活力聚集节点分散、节点凝聚。该段的持续波动一方面受到工作时间结束的影响，城市人群活动开始由工作地向居住地返回，表现为活力从工作目的地开始向周边分散，另一方面城市人群夜间休闲生活开始及居住地人员回流，城市活力在局部重新凝聚，如 CFD 时代财富中心附近、昙华林附近、街道口等商业区与城市居住区附近。

从非工作日全天的城市活力变动情况（图 4-11）来看，武汉市中心城区城市活力的空间形态不同时段呈现“聚集—波动变化—持续波动”的趋势（图中深色表示变动大，浅色表示变动小。）。

9: 00 至 13: 00 聚集，城市活力开始成片聚集、节点集聚。

9: 00 至 10: 00 为成片聚集阶段，非工作日城市人群由于生活作息规律变化及就业通勤活动种类变少，城市活力从 9: 00 开始逐渐复苏，表现为城市活力大范围增加。事实上，可以将该时段认为是城市活力在非工作日的开始阶段。

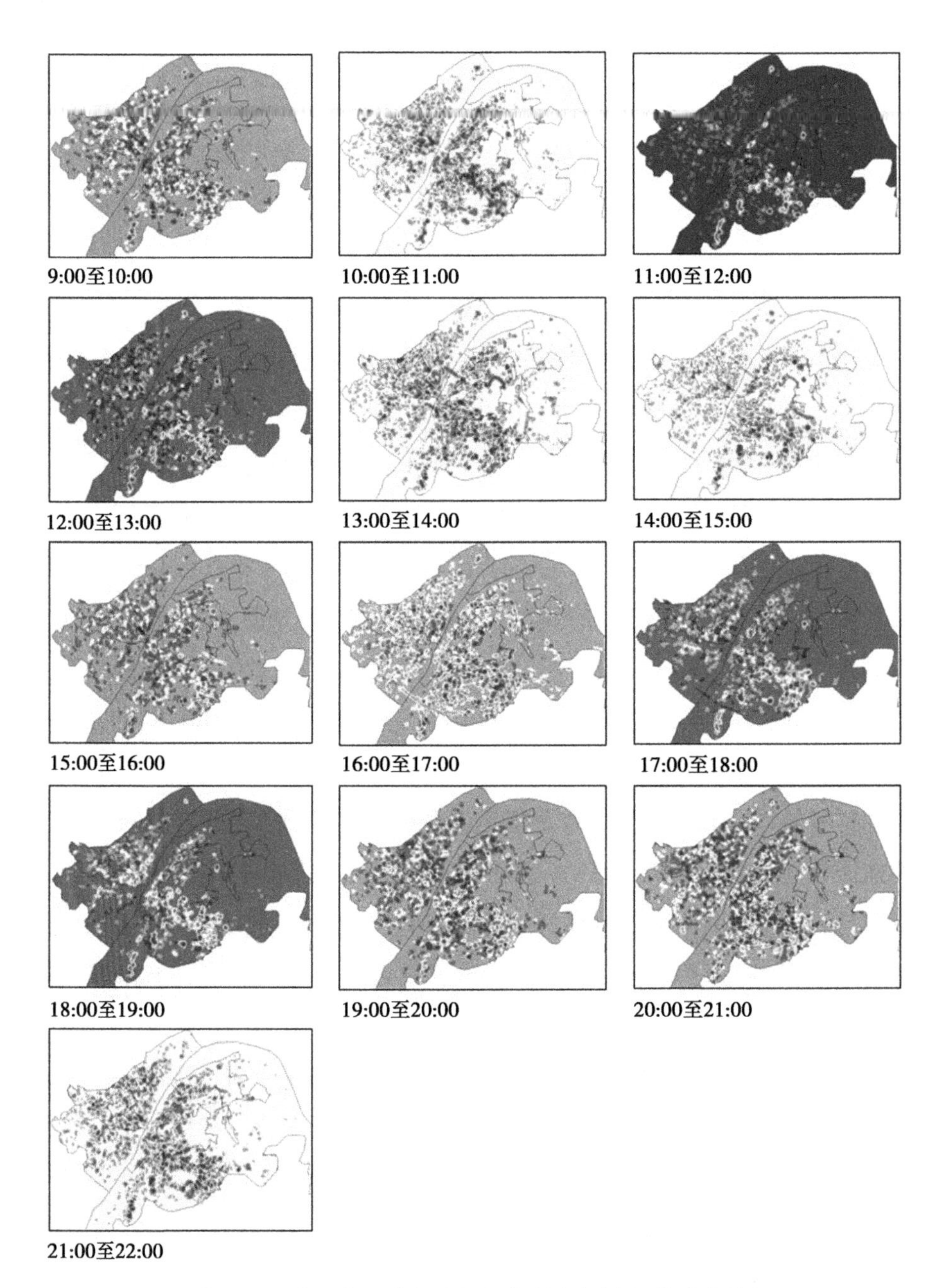

图 4-11　非工作日城市活力变动（图片来源：作者自绘）

10: 00 至 13: 00 为多点聚集阶段，城市活力热点区域的边界逐渐明显，这说明城市人群在 10 点钟后活动种类与活动范围开始逐渐固定。主要分布在交通枢纽附近及部分街道沿线，具体包括大智路地铁站、循礼门地铁站、武汉火车站等和雄楚大道及民族大道沿线范围。

13: 00–18: 00 波动变化，城市活力波动变化，但整体保持相对稳定的态势。

13: 00–16: 00 为周边分散阶段，表现为城市活力由城市活力聚集点（10: 00–13: 00 形成）向周边扩散，扩散强度逐渐升高，且局部地重新凝聚活力高热点。城市人群从事各类活动有时间上限，城市人群完成各类活动后产生空间移动。16: 00–18: 00 为多点回升阶段，用餐时间的到来及城市人群的其他需求，城市活力重新开始聚集，主要集中在中南路洪山广场沿线、街道口、卓刀泉附近及民族大道沿线和光谷商业区附近。

18: 00–22: 00 边缘扩散。城市人群白天的活动完成后，非工作日城市活力变动与工作日城市活力变动一致，一方面城市人群活动开始由活动场地向居住地返回，具体表现为活力开始周边分散，另一方面城市人群夜间休闲生活开始及居住地人员回流，城市活力在局部重新凝聚。

综上所述，白天时段城市活力变动频繁，商业区、交通枢纽所在空间、城市公共绿地所在空间成为城市活力高热地区，而居住组团城市活力相对较低；夜间时段城市活力变动较为稳定，商业区及居住组团城市活力相对较高。

4.3　城市重心位置的偏移

在城市活力时间和空间分析的基础上，本文对武汉市中心城区整体及各个行政区分别计算绘制人口重心变化，进一步反映城市人群在时间和空间中整体变化趋势。首先，利用 ArcGis 计算基于数量的平均中心，计算出每个时间段内各个行政区域的重心坐标（X_i，Y_i），其次，按时间顺序连接绘制出工作日与休息日的人口重心变化轨迹。各区划的重心即基于权重因素的情况下点集数据的权重平均中心。由于长江、汉江作为天然屏障对于武汉市中心城区起到分割作用，为避免水体对重心产生的影响，故武汉市中心城区整体人口重心变化只表示变化趋势，并不代表实际移动轨迹，其余行政区表示实际移动轨迹。

重心点的坐标为：

$$\bar{X} = \frac{\sum_{i=1}^{N} W_i X_i}{\sum_{i=1}^{N} W_i} \quad \bar{Y} = \frac{\sum_{i=1}^{N} W_i Y_i}{\sum_{i=1}^{N} W_i}$$

N 表示行政区域内点集的个数，X_i 表示点的地理横坐标，Y_i 表示点的地理纵坐标，W_i 表示权重。

重心位置具体变化趋势如表 4-3 所示。

表 4-3　各区域重心变动表格

区域	重心位置偏移	
	工作日	非工作日
整体	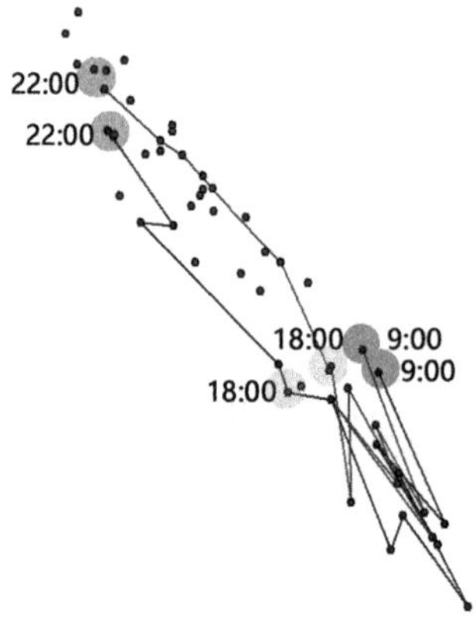 22:00 22:00 18:00 9:00 18:00 9:00	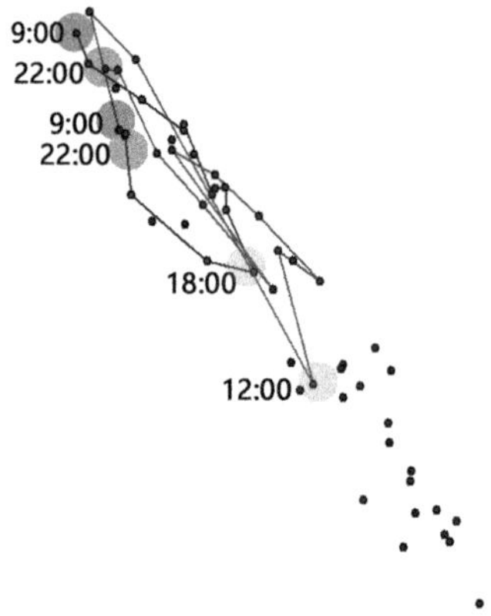 9:00 22:00 9:00 22:00 18:00 12:00

续表

区域	重心位置偏移	
	工作日	非工作日
汉阳区	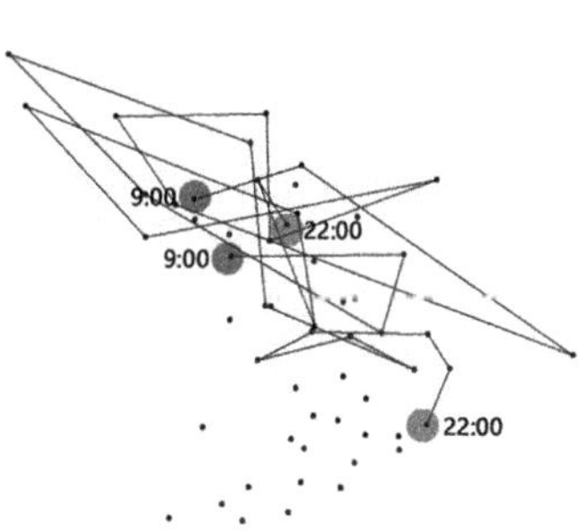	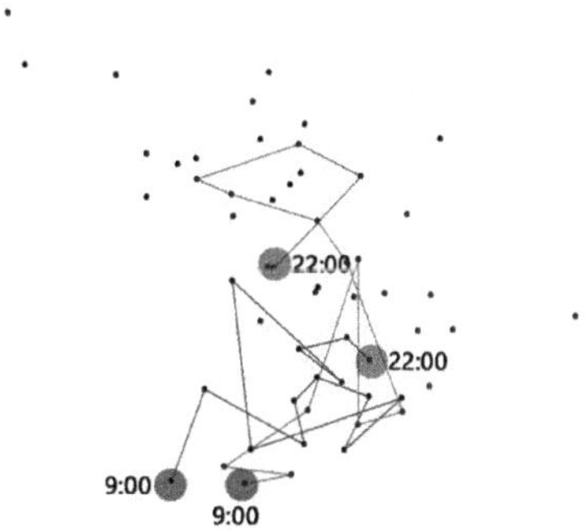
洪山区	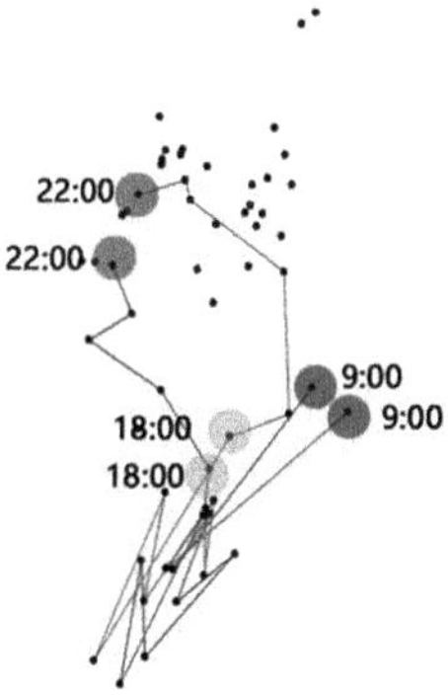	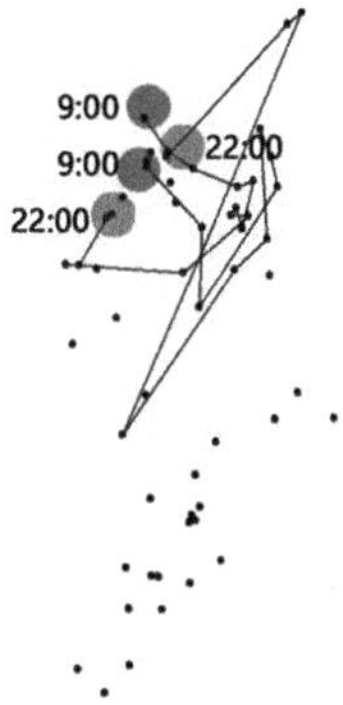
江岸区	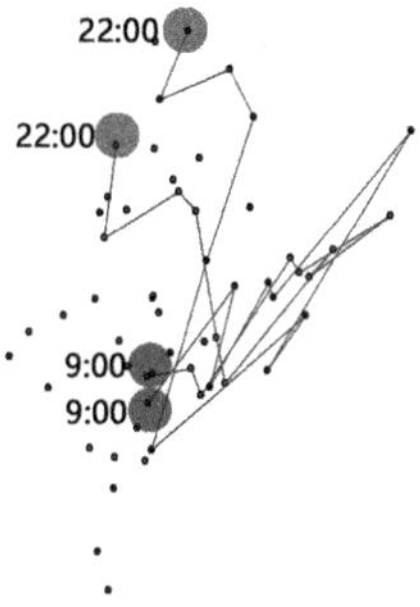	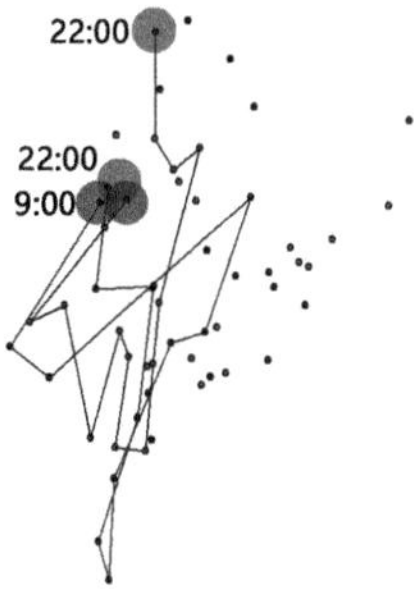

续表

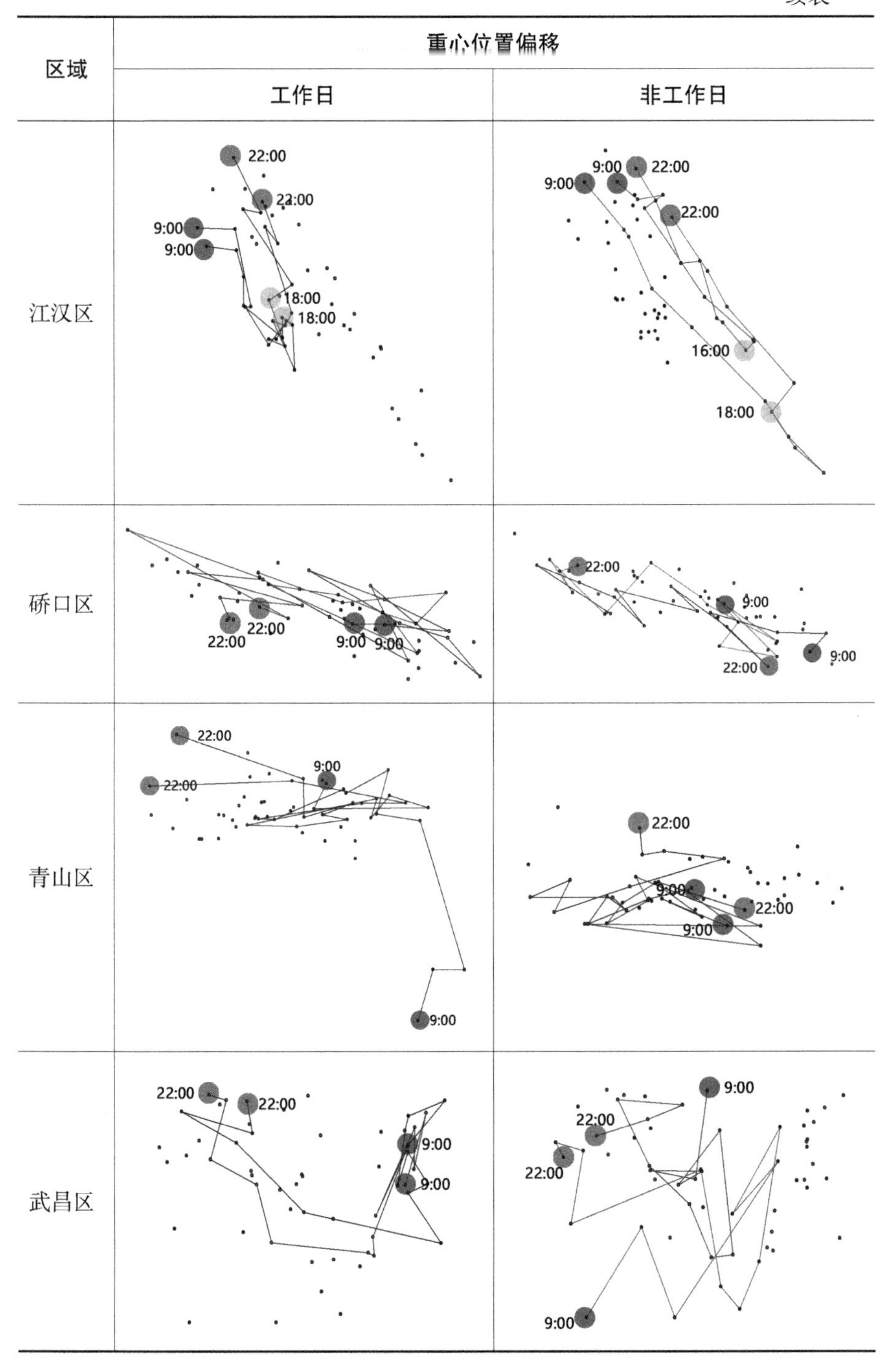

区域
重心位置偏移
工作日
非工作日
江汉区
22:00
22:00
9:00
9:00
18:00
18:00
9:00
9:00
22:00
22:00
16:00
18:00
硚口区
22:00
22:00
9:00
9:00
22:00
9:00
9:00
22:00
青山区
22:00
22:00
9:00
9:00
22:00
9:00
22:00
9:00
武昌区
22:00
22:00
9:00
9:00
9:00
22:00
22:00
9:00

从武汉市中心城区整体来看，工作日与非工作日变动趋势整体均表现为由东南向西北逐渐偏移，且工作日整体活力变动位置在非工作日的东南方。其中，工作日 18:00 前重心变动相对集中且呈现往返式波动，即工作日白天相对集中在同一个区域，18:00 后整体重心向西北方向偏移；非工作日整体重心变动趋势为先由西北向东南移动，之后又向西北方向移动，整体呈现顺时针椭圆的变化趋势（非工作日两天的转折点不同，一个为 12:00，一个为 18:00），工作日与非工作日整体重心偏移的最大差别是工作日白天重心与非工作日白天重心的变动，说明城市人群就业通勤活动对于城市活力整体的巨大影响，进一步说明武汉市中心城区城市人群职住分离现象较为明显。

汉阳区工作日重心变动倾向为西北向东南移动，中间折返次数较多，但 12:00 到 15:00 工作日城市活力重心变动轨道相对固定；非工作日城市活力重心变动倾向为由南向北移动，重心变动的随机性较大且分布范围较工作日小。结合武汉市具体建设情况发现：工作日与非工作日城市活力重心的波动范围均主要集中在钟家村、南静苑小区、五里村等居住组团。

洪山区工作日与非工作日整体变动倾向明显，均表现为南北倾向且工作日整体活力变动位置在非工作日的南部，与城市活力整体（7 个区）重心变动趋势相似。其中，工作日 18:00 前重心变动相对集中且呈现往返式波动，18:00 后重心向北移动；非工作日城市活力重心变动呈现往返式波动，分布位置变动不大。结合武汉市具体建设情况发现：工作日与非工作日城市活力重心波动范围主要集中在光谷、杨家湾附近等商业区附近。

江岸区工作日与非工作日整体变动倾向明显，均表现为南北倾向，与城市活力整体（7 个区）重心变动趋势相似。其中工作日 18:00 前城市活力重心呈现往返式波动，19:00 后工作日城市活力重心变动趋势相对固定，非工作日城市活力分布位置随机性较大。结合武汉市具体建设情况发现：工作日与非工作日城市活力重心波动范围主要集中分布在二七工业园、银泰御华园等居住区组团及工业园区附近。

江汉区工作日与非工作日整体变动倾向明显，均表现为东南－西北倾向，与城市活力整体重心变动趋势相同。其中工作日与非工作日城市活力重心变动呈现往返式折返，折返时间为18：00（工作日）与16：00（非工作日），工作日城市活力重心变动范围小于非工作日城市活力变动范围。结合武汉市具体建设情况发现：重心波动范围主要集中在王家墩东地铁站、青年路与建设大道交界附近。

硚口区工作日与非工作日整体变动倾向明显，均表现为东西倾向，工作日城市活力重心变动折返频繁，而非工作日折返波动相对不明显。结合武汉市具体建设情况发现：重心波动范围主要集中在华中建筑装饰材料市场附近。

青山区工作日与非工作日整体变动倾向不明显，相比较之下，工作日城市活力重心分布相对分散，非工作日城市活力重心分布相对集中，且工作日城市活力重心变动范围比非工作日城市活力重心变动范围大。结合武汉市具体建设情况发现：重心波动范围主要集中分布在碧苑花园、欣城社区等居住组团。

武昌区工作日整体变动趋势明显，表现为东西倾向，15点后城市活力变动轨迹保持稳定，而非工作日整体变动趋势不明显，非工作日相对分散。结合武汉市具体建设情况发现：重心波动范围主要集中分布在中南路沿线及洪山广场附近。

4.4 宏观尺度下建成环境指标体系构建

如第二章对现有理论归纳中所述，常用的城市建成环境5D指标体系包括密度、混合度、设计、目的地可达性和公共交通临近度5个要素。本研究的建成环境主要指城市建成环境，根据现有研究并结合数据可获取性，最终选用建成环境5D要素来综合评价城市建成环境状况。通过对相关学者研究的综合整理，总结影响城市活力的影响因素和衡量指标如下。

4.4.1　密度

密度，是指某种要素在空间分布的密集程度，人口密度、建筑密度是最常用来表征建成环境密度要素的指标。

1. 人口密度

城市活力的外在表征由城市人群及其活动组成，其外部表征值的高低主要反映在城市中活动的人口数量。人是城市活力的主体，是给城市带来生气的关键元素，人的活动数量和密度是影响城市活力的重要参考指标。

Saelens 等（2003）基于文献检索、综述的方法，判断相关研究大多认为较高的人口密度往往伴随着较多的步行和骑行活动。Boarnet 等（2003）通过居民全天出行调查来探索土地利用变量与出行行为之间的关系。研究中的土地利用变量包括了调研区域内的人口密度、零售商业的就业密度和总体就业密度 3 种衡量指标。基于俄勒冈州波特兰市的出行调查数据，Boarnet（2008）研究了城市环境对步行出行的影响，研究中同样沿用了之前的 3 个密度衡量指标。该研究发现，居住在人口密度较高的街区的居民步行出行更加频繁。刘庆敏等（2015）通过发放调查问卷和统计学分析的方法，评价杭州市城区人群对建成环境的主观感知，发现人口密度的得分较高，大专以上文化程度的居民与人口密度感知的得分呈现正相关。

2. 建筑密度

建筑密度表示单位土地面积上建筑的占地率，具体指样本单元空间内所有建筑的基底总面积之和与样本总面积之比，能够反映样本空间的空地率和建筑覆盖的密集程度。建筑密度越高，表示城市空间的集约利用程度越高。

Handy 等（2002）对中等城市规划领域的相关研究进行了回顾和归纳，总结大量研究成果，为建筑密度在内的城市发展密度和城市活动密切相关提供了证据支撑。现有研究中建筑的地理位置分布和密度也是较为通用的研究因子。Chatman（2008）认为建筑物密度能够体现出步行环境的设施水平，促进居民步行出行。

3. 容积率

表示地上总建筑面积与净用地面积的比率，鉴于本文使用网格划分城市空间，具体指每个网格内部总建筑面积与网格面积的比率，能够在建筑密度的基础上进一步对城市开发强度进行描述。容积率越高，表示城市的集约利用程度越高。

刘吉祥等（2019）在研究建成环境对步行通勤通学的影响时，选取容积率作为城市建成环境的量化指标，发现职员步行通勤百分比与容积率存在正相关。吕帝江（2019）在研究广州地铁客流影响要素时选取容积率作为28个影响站点客流的因素之一，发现容积率对站点客流具有显著正向影响。

4.4.2 多样性

正如简·雅各布斯在城市多样性理论中提出的“具有活力的城市本质上是城市生活的多样性与差异性”，城市人群的活动是产生城市活力的来源。而城市的空间及功能为城市人群活动提供了物质空间载体，同时多样的城市空间也为城市人群提供了更多的活动选择，满足不同城市人群的需求。可以说城市多样性来自于其空间功能的多样性。基于此，本文从用地功能的多样性及建筑功能的多样性两个方面对影响城市活力的功能性因子进行量化分析。

1. 土地利用混合度

结合相关研究，本文采用信息熵对功能混合度进行定量描述。该指标是用来表征在城市的某一范围内所有的土地利用性质的混合程度，表达该区域的土地利用性质复杂程度。

Frank 等（2008）采用土地利用混合熵的计算来表征多样性指标，以探讨与居民出行链之间的关系。Learnihan 等（2011）在研究步行尺度时发现某一领域的类型越多，步行活动的数量越多。土地利用混合度和步行活动参与数呈明显的正相关。周热娜等（2012）通过综合总结国内外相关研究，认为土地利用混合度是影响居民体力活动水平的重要因素。李俊芳等（2016）在相关研究中将土地利用混合度作为多样性的衡量指标，用地混合度指标的计算通常以土地利用混合度熵值来表示，熵值的大小代表土地利用混合度的高低。

2. **公园绿地比例**

良好的生态环境对现代城市空间塑造的重要性不言而喻，绿地公园、湖泊水系等空间都是城市公共空间的重要组成部分，公共空间内部本身存在大量丰富的人群活动，同时也会为周边服务提供潜在的服务人群，进而促进城市活力的产生。

Peter 等（2008）计算使用者活动路径 1km、3km 范围内的绿地比例发现，绿地比例越高，居民户外活动的时间就越长。Sun 等（2017）的研究结果表明站点周边有公园时，芝加哥 Divvy 公共自行车系统的使用量就会增多；Wang 等（2020）通过对美国明尼苏达的 Nice Ride Minnesota 自行车系统及其站点周边的建成环境关系的研究同样证明距离公园近的站点使用率更高。但是在我国广东省中山市的公共自行车站点在工作日早晚高峰的使用量则与公园的临近度成反比，说明通勤时段的自行车使用率受到公园的负面影响（Zhang et al.，2017）。

3. **空间亲水性**

王玉琢（2017）在上海中心城区城市空间活力的研究显示独立的绿地、水系等景观要素并不能整体上提升城市空间活力，反而由于其低密度的建设强度与单一的空间功能，使周边空间对人群及其活动的容纳力减弱，遏制了城市空间活力的规模聚集及扩散效应。

4.4.3　建成环境设计特征

建成环境设计是形容区域内建成环境的空间设计特征，在宏观尺度上本研究使用公共设施密度、停车场密度等变量来进行表征与城市人群活动的相关设计要素。

1. **公共设施密度**

功能的多样性是决定空间对活力的容纳承载力的重要影响因素，与城市空间活力密切相关。Calthorpe（1993）、Downs（1994）、Delafons（1994）等通过研究认为步行空间的遮阴设施、停车场设置、娱乐设施等均会对城市人群出行产生影响。而付艺艺（2018）在研究商业步行街建成环境对行人分布影响中认为公共设施要素是商业步行街区中影响行人活动的重要实体要素，对于街区空间功能的实现和扩展，以及行人各方面需求的满足等方面都有重要的作用，主要包括休息设施要素和其他设施要素等。

2. **公共厕所密度、停车场密度**

公共厕所、停车场本身不一定与城市活力直接相关，但是两者密度在一定程度上能够反映城市功能服务的聚焦程度和相关服务设施的服务水平，因此可以用来描述公共服务设施的完善程度。公共服务设施的种类、数量、质量等均会对城市空间品质产生不同程度的影响，对于城市空间功能的实现及优化城市空间品质和行人各方面需求的满足等方面都有重要的作用（付艺艺，2018）。

4.4.4 综合可达性

可达性指“穿越一个空间可以选择路线的数量”（王建国，2001），目的地的可达性是指出行者从出发地点到目的地的便捷程度，它一般指到城市中心或中央商务区的距离。本研究使用道路网密度表征区域综合可达性。

Gehl（1971）认为整合且汇聚的路网、便捷的公共交通组织是形成空间活力的前提。Whyte（1988）通过持续观察城市空间活力的特征数据，认为增强空间与周边空间的联系将有助于提高不同人群使用空间的便利程度，进而促进空间活力的产生。Dill等（2004）通过研究道路网络对步行和骑行的影响，发现道路线密度是表征道路疏密程度的重要指标，同时道路线密度同体力活动呈现正相关关系，道路线密度越大，道路越密集，体力活动越多。本研究也采用道路网络密度作为衡量宏观尺度上城市综合可达性的指标。

4.4.5　公共交通邻近度

本文所说交通站点包括公交站点、地铁站点、长途汽车站点、火车站点及自行车站等具有公共交通属性站点。公共交通站点作为城市建成环境的重要节点，不仅能改善城市交通空间环境，能够在特定的时间阶段有效提升城市活力，而且吸引大量需要公共交通的人群聚集，且密度作为标准可以衡量公共交通服务的便利性，即公共交通站点分布于步行舒适可达的尺度范围之内，人们选乘公共交通的意愿就越高。公共交通邻近度是指无论采取何种交通方式到达交通站点的便捷程度，通常用公交站点密度来衡量。

Vance 和 Hedel（2007）在研究建成环境对居民机动车出行的影响时，将公共交通的可达性纳入建成环境指标，并以从居住地步行到达最近的公交站点的距离进行计算。研究发现，步行到公共交通站点的距离对居民机动车出行的里程数有一定的影响。Pushkar 等（2000）研究了居住地到交通换乘站点的距离对家庭的机动车出行里程数的影响。结果表明，家庭机动车出行里程数与到交通换乘站点的距离存在显著的正向线性关系。

综上所述，本文通过整理与总结相关文献研究，选取 5D 指标构建适合本研究的建成环境量化指标体系。结合武汉城市建成环境具体情况，选取量化指标为：密度要素量化指标具体包括人口密度、建筑密度、容积率；多样性要素量化指标具体包括功能混合度、公园绿地比例、水体比例、POI 密度，其中 POI 密度又细分行政办公类 POI、教育文化类 POI、商业及金融类 POI、商业消费类 POI、政府及公共服务类 POI、住宅区类 POI，共计 6 种；设计要素量化指标具体包括公共厕所密度、停车场密度；目的可达性要素量化指标具体为括道路密度；公共交通邻近度量化指标具体为公共交通点密度。同时确定了各指标的量化方法，如表 4-4 所示。

表 4-4　城市建成环境量化指标体系

建成环境要素	量化指标	计算公式
密度	人口密度	人口数 / 样本面积
	建筑密度	建筑占地面积 / 网格面积
	容积率	总建筑面积 / 土地总面积
混合度	功能混合度	–sum（pi*lnpi）
	水体比例	水体面积 / 网格面积
	POI 密度	行政办公类
	教育文化类	该类 poi 个数 / 样本面积
	商业及金融	该类 poi 个数 / 样本面积
	商业消费类	该类 poi 个数 / 样本面积
	政府及公共服务类	该类 poi 个数 / 样本面积
	住宅区类	该类 poi 个数 / 样本面积
设计特征	公共厕所密度	公共厕所个数 / 样本面积
	停车场密度	停车场个数 / 样本面积
目的地可达性	道路密度	道路长度 / 样本面积
公共交通邻近度	公共交通点密度	公共交通点个数 / 样本面积

4.5　宏观尺度城市活力影响机制分析

4.5.1　空间滞后模型

经典统计学强调样本的独立性和随机性，而空间统计学则强调样本具有空间相关性、异质性和一次性等特点，考虑到城市活力在空间上存在互相影响，因而空间统计分析更能直观地体现其关联性。空间滞后模型（Spatial Lag Model，SLM）考虑了变量的空间滞后项和子样本具有空间相关性、异质性和一次性等特点，可以剔除干扰项中的空间依赖性，可以很好地描述空间单元变量的空间交互作用。

空间滞后模型表达式为：

$$Y=\rho WY+X\beta+\varepsilon$$

式中，Y 为被解释变量，X 为外生解释变量，ρ 为样本的空间自回归系数，通过 Moran's I 指数估算得到；W 为空间权重矩阵，反映子样本与子样本间空间关系的权重矩阵，WY 为空间滞后变量，在本文中度量了活力值中的空间依赖作用，即相邻子样本活力值 WY 对子样本活力值 y 的影响方向和程度；β 为包含城市建成环境特征待定参数的列矢量；ε 为服从正态分布的随机误差向量。

本文空间滞后模型相关性分析的基本步骤如下。

（1）根据研究网格，建立并引入空间权重矩阵，对城市活力进行空间自相关定量测定，并利用城市空间活力自相关测度产生的 Moran's I、Z 值、P 值作为判断指标，定量判断样本城市活力是否存在空间自相关现象。

（2）基于城市空间活力自相关的基础上，将建成环境要素各量化指标进行降维，去除各类建成环境要素指标本身量级，并对建成环境量化指标中各指标进行共线性验证处理，去除建成环境量化指标体系中存在严重共线性的城市建成环境指标，避免共线性高的建成环境要素量化指标对整体迭代结果不稳定。

（3）采用空间滞后模型对城市活力与城市建成环境要素进行空间统计分析，以探明城市建成环境要素量化指标对城市活力的影响机制。

4.5.2　宏观尺度城市活力影响因素解析

1. 变量选取

为进一步研究城市活力与建成环境要素的内在影响机制，选取 Y1 工作日白天城市活力、Y2 工作日夜间城市活力、Y3 非工作日白天城市活力、Y4 非工作日夜间城市活力作为因变量（表 4–5），选取 X1 人口密度、X2 建筑密度、X3 容积率、X4 功能混合度、X5 公园绿地比例、X6 水体比例、X7–1 行政办公类 POI 密度、X7–2 教育文化类 POI 密度、X7–3 商业及金融类 POI 密度、X7–4 商业消费类 POI 密度、X7–5 政府及公共服务类 POI 密度、

X7–6 住宅区类 POI 密度、X8 公共厕所密度、X9 停车场密度、X10 道路密度、X11 公共交通点密度（表 4–6），构建相关研究模型。

表 4–5 宏观尺度下城市活力影响机制分析因变量

	工作日白天	工作日夜间	非工作日白天	非工作日夜间
因变量	Y1	Y2	Y3	Y4

表 4–6 宏观尺度下城市活力影响机制分析自变量

<table>
<tr><th>建成环境要素分类</th><th>自变量</th><th colspan="2">量化指标</th></tr>
<tr><td rowspan="3">密度</td><td>X1</td><td colspan="2">人口密度</td></tr>
<tr><td>X2</td><td colspan="2">建筑密度</td></tr>
<tr><td>X3</td><td colspan="2">容积率</td></tr>
<tr><td rowspan="9">多样性</td><td>X4</td><td colspan="2">功能混合度</td></tr>
<tr><td>X5</td><td colspan="2">公园绿地比例</td></tr>
<tr><td>X6</td><td colspan="2">水体比例</td></tr>
<tr><td>X7–1</td><td rowspan="6">POI 密度</td><td>行政办公类</td></tr>
<tr><td>X7–2</td><td>教育文化类</td></tr>
<tr><td>X7–3</td><td>商业及金融类</td></tr>
<tr><td>X7–4</td><td>商业消费类</td></tr>
<tr><td>X7–5</td><td>政府及公共服务类</td></tr>
<tr><td>X7–6</td><td>住宅区类</td></tr>
<tr><td rowspan="2">设计特征</td><td>X8</td><td colspan="2">公共厕所密度</td></tr>
<tr><td>X9</td><td colspan="2">停车场密度</td></tr>
<tr><td>目的地可达性</td><td>X10</td><td colspan="2">道路密度</td></tr>
<tr><td>公共交通邻近度</td><td>X11</td><td colspan="2">公共交通点密度</td></tr>
</table>

2. 宏观尺度城市活力的空间自相关测定

空间数据往往具有空间依赖特征，即同一变量在不同空间位置上相互依赖、相互制约、相互影响和相互作用，具有潜在的相关性，这种特征为空间自相关（Spatial Auto-correlation）。对于本研究，城市活力的空间自相关效应体现为武汉中心城区各样本城市活力在样本空间中的相互影响，在空间上呈现的聚集态势。为进一步定量研究武汉市中心城区城市活力的空间自相关效应，本文基于建立的研究网格建立空间权重矩阵，通过 GEODA 软件的空间自回归分析工具，以全局自相关产生的 Moran's *I*、*P* 值、*Z* 值作为指标测算城市活力空间分布自相关程度，并结合 LISA 集散图探索城市活力的空间分布模式及其局部显著性。

其中，Moran's *I* 取值一般在［-1，1］之间。*I*>0，说明城市活力在空间分布呈现正相关，整体呈现集聚分布；*I*<0，说明城市活力在空间分布呈现负相关，整体呈现分散分布；*I*=0，说明相邻区域不存在空间自相关，即城市活力在空间之间未相互作用；*P* 值表示所观测到的空间模式是由某一随机过程创建而成的概率；*Z* 值表示标准差的倍数。不同置信度下临界 *P* 值和临界 *Z* 值如图 4-12 所示。

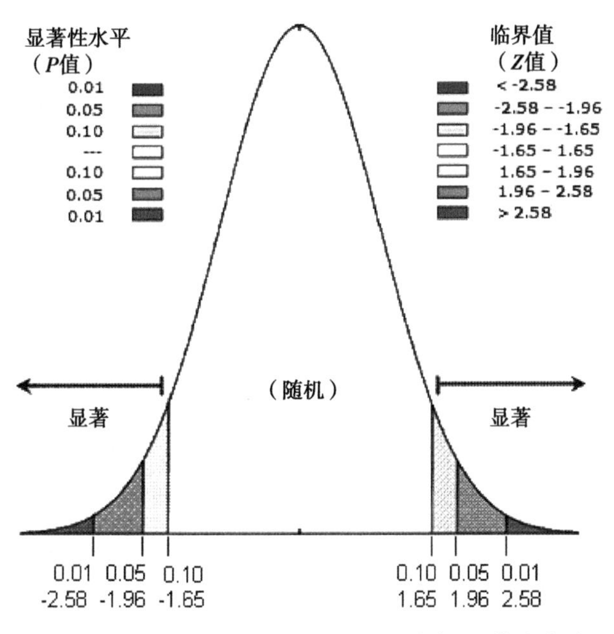

图 4-12 临界 *P* 值、*Z* 值置信度（图片来源：作者自绘）

Moran's I 是澳大利亚统计学家帕克·莫兰在 1950 年提出的，应用于全局聚集的检验方法。它可以检验某一变量在空间上是否存在相关性，并且指出是空间正相关还是负相关，其计算公式如下：

$$I=\frac{n\sum_{i=1}^{N}\sum_{j=1}^{N}w_{ij}(x_i-\bar{x})(x_j-\bar{x})}{\sum_{i=1}^{N}\sum_{j=1}^{N}w_{ij}\sum_{i=1}^{N}(x_i-\bar{x})^2}=\frac{n\sum_{i=1}^{N}\sum_{j\neq 1}^{N}w_{ij}(x_i-\bar{x})(x_j-\bar{x})}{S^2\sum_{i=1}^{N}\sum_{j=1}^{N}w_{ij}}$$

Anselin（1995）在全局自相关的基础上提出了一个局部 Moran's I 指数，或称 LISA，可以用来检验局部地区相似或者是相异的观测值是否聚集在一起，其计算公式如下：

$$I_i=\frac{(x_i-\bar{x})}{S^2}\sum_{i\neq j}^{N}W_{ij}(x_j-\bar{x})$$

式中，n 为研究样本的个数，W_{ij} 为空间权重矩阵，X_i 和 Y_i 分别 X 样本和 Y 样本（相邻）的某个属性值。

空间因素引进的核心是空间权重矩阵构建，空间权重矩阵刻画了空间单元之间相互作用的强度与结构，不同的空间矩阵对同一空间分布模式会得出不同的相关性结论。在进行空间分析时，首先就要定义研究对象之间的相互邻接关系，目的是通过事物之间的邻接关系来建立空间权重矩阵。Queen 邻接关系是对有共同边界和共同定点定义空间权重矩阵，突出了空间单元间的直接相邻性。结合样本特性，本文采用 Queen 邻接关系来设定空间权重矩阵 **W** 进而引入空间要素，对 Queen 邻接关系具体设定为：邻接的秩为 1，表示共 1 边或共 1 点为邻接，具体信息如表 4-7 所示。

表 4-7　邻接空间建立的空间权重 W 信息表

Property	Value
类型	Queen
对称空间权重	Symmetric
id 变量	Id
order	1

续表

Property	Value
对象数量	1095
最小邻居数	1
最大邻居数	8
平均邻居数	7.32
中位邻居数	8.00
有邻居对象所占比	0.67%

由图 4-13 可知，该 1095 个空间样本的邻居数量在 1 至 8 区间内，其中拥有 8 个邻居数的空间样本数量为 854 个，占总体的 78%，符合所设网格的规律。可视化的空间权重 W 的连通图（图 4-14）则可以直观反映 1095 个样本街段在该空间权重下的连通情况。

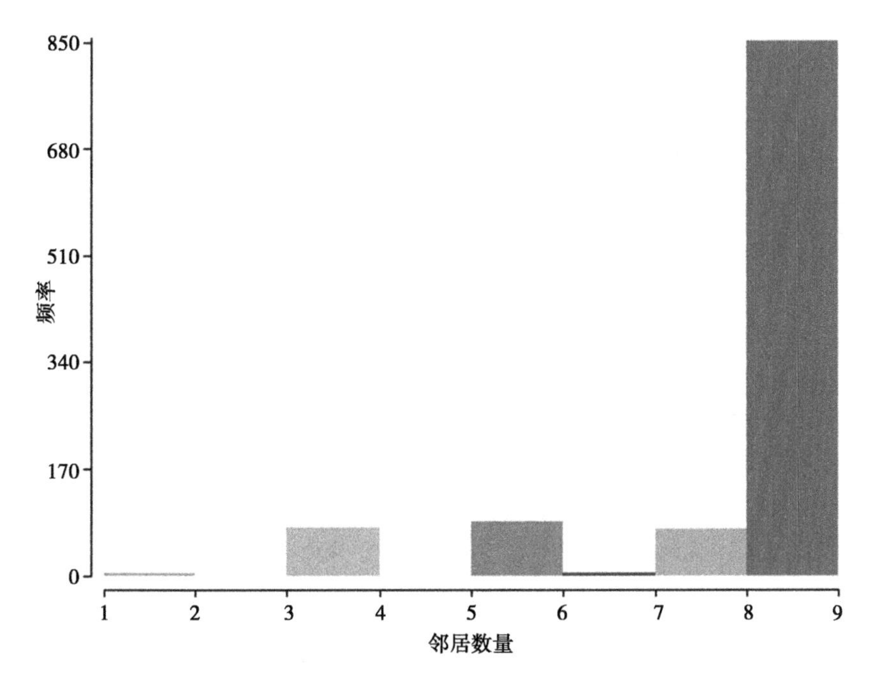

图 4-13　空间权重 W 邻居数量直方图（图片来源：作者自绘）

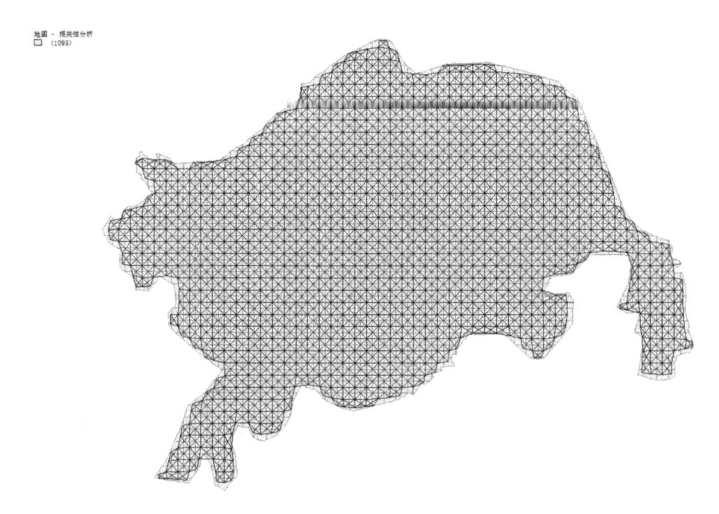

图 4–14 基于空间权重 W 的连通图（图片来源：作者自绘）

3. 城市活力空间自相关验证

对武汉市中心城区城市活力（1095 个样本）进行空间自相关测度，城市活力具体分为工作日白天城市活力、工作日夜间城市活力、非工作日白天城市活力及非工作日夜间城市活力 4 类，空间权重矩阵采用 Queen 邻接关系，邻接的秩为 1，结果如表 4–8 所示。

表 4–8 城市活力空间自相关指标统计表

城市活力	Moran's I	Z 值	P 值	Moran's I 图
工作日白天	0.64	40.13	0.001	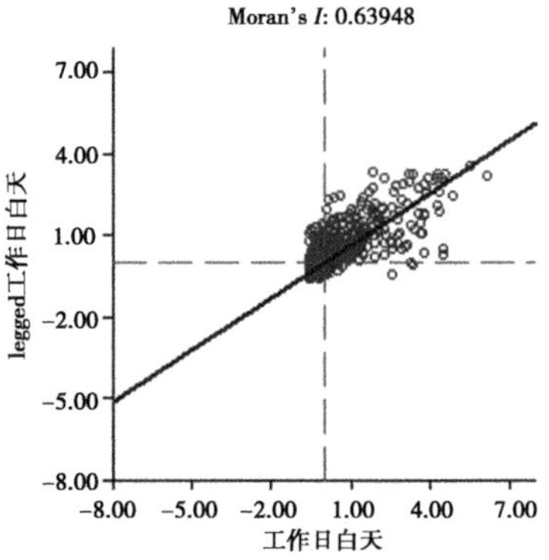 Moran's I: 0.63948；纵轴：legged工作日白天；横轴：工作日白天

续表

城市活力	Moran's I	Z 值	P 值	Moran's I 图
工作日夜间	0.77	46.53	0.001	
非工作日白天	0.68	42.74	0.001	
非工作日夜间	0.67	41.15	0.001	

工作日白天城市活力 Moran's I 为 0.64，显著性检验的 Z 值为 40.13，P 值为 0.001，活力值散点主要分布在 1、3 象限；工作日夜间城市活力 Moran's I 为 0.77，显著性检验的 Z 值为 46.53，P 值为 0.001，活力值散点

主要分布在 1、3 象限；非工作日白天城市活力 Moran's I 为 0.68，显著性检验的 Z 值为 42.74，P 值为 0.001，活力值散点主要分布在 1、3 象限；非工作日夜间城市活力 Moran's I 为 0.67，显著性检验的 Z 值为 41.15，P 值为 0.001，活力值散点主要分布在 1、3 象限。工作日白天、工作日夜间、非工作日白天及非工作日夜间空间自相关验证的 Moran's I 均大于 0，Z 值 >2.58 且 P 值小于 0.01，这表明城市活力在空间上的分布之间并非随机分布，而是呈现一定的空间集聚特征，同时也证明该数据具有进行空间统计的价值，可以基于空间统计学模型进行相关性分析。

利用局部空间自相关分析反映相邻空间样本单元之间活力值的相关程度与格局分布差异，并绘制 LISA 集聚图，结果如表 4–9 所示。

表 4–9　LISA 集散图统计表

城市活力	LISA 聚类图
工作日白天	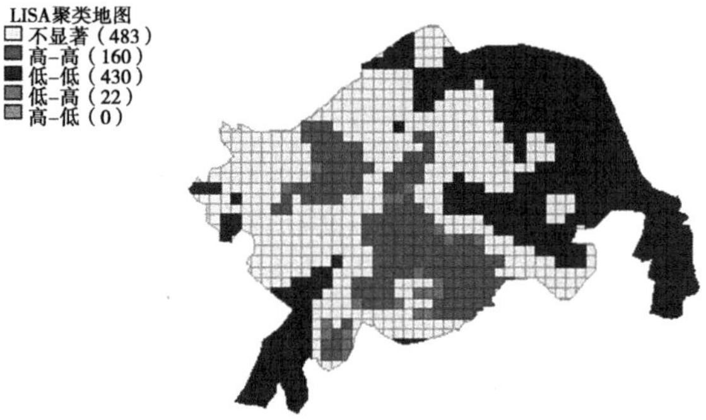 LISA聚类地图 不显著（483） 高–高（160） 低–低（430） 低–高（22） 高–低（0）
工作日夜间	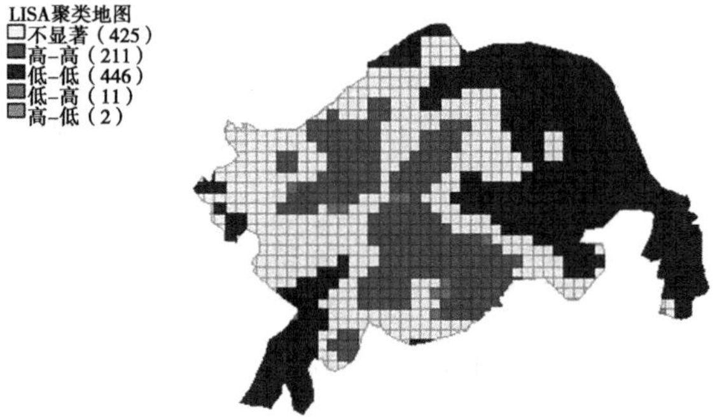 LISA聚类地图 不显著（425） 高–高（211） 低–低（446） 低–高（11） 高–低（2）

续表

城市活力	LISA 聚类图
非工作日白天	LISA聚类地图 不显著（451） 高-高（185） 低-低（440） 低-高（18） 高-低（1）
非工作日夜间	LISA聚类地图 不显著（450） 高-高（186） 低-低（437） 低-高（21） 高-低（1）

从城市整体上看，武汉市中心城区城市活力分布呈现聚集态势，高 - 高集中分布在武汉市二环内，越靠近内环，城市活力集中趋势越明显（长江附近范围除外），低 - 低集中分布在武汉市中心城区的东部及西南部，不显著分布在二环及三环之间，低 - 高零星分布在武汉二环附近。从武汉市各行政划区里看，高 - 高集聚区主要位于江岸区的西南部、江汉区的东南部、硚口区的东南部、汉阳区的东部、武昌区的西部、青山区的西部以及洪山区的中西部地区，这些地区属于城市开发较早的区域，城市基础设施相对完善。低 - 低主要集中洪山区的东部、青山区的东部以及洪山区的西部，这些地区相对远离城市中心，开发时间相对较短。

4. 建成环境要素的共线性验证

城市建成环境要素指标体系（自变量）中由于各指标的量纲不同，而且在数量级上差异也较大，在进行多重共线性验证前需要对自变量进行降维处理，避免不同的量纲和数量级产生新的问题。建成环境要素量化指标体系中多重共线性的严重程度实质上表现为各指标之间线性相关的密切程度，各指标之间的相关性越强，多重共线性问题越严重。自变量降维后，利用方差膨胀因子检验方法对建成环境要素量化（自变量）进行共线性验证，保证建成环境要素互相独立。

本研究中，宏观尺度下城市建成环境要素量化指标体系中各指标共线性结果如表 4–10、表 4–11 所示，在系数表格中停车场密度的容差值为 0.0980（容差是 VIF 的倒数），VIF 为 10.1530，容差小于 0.1，VIF 大于 10，在共线性诊断表格中，18 维度的条件指数为 11.0880，其结果大于 10，且停车场密度的方差比例为 0.9500，表明停车场密度与其他自变量之间存在严重的共线性问题。

为了排除自变量之间的共线性，可利用逐步回归方法进行排除。逐步回归的基本思想是将变量逐个引入模型，每引入一个解释变量后都要进行 F 检验，并对已经选入的解释变量逐个进行 t 检验，当原来引入的解释变量由于后面解释变量的引入变得不再显著时，则将其删除，以确保每次引入新的变量之前回归方程中只包含显著性变量。这是一个反复的过程，直到既没有显著的解释变量选入回归方程，也没有不显著的解释变量从回归方程中剔除为止，以保证最后所得到的解释变量集是最优的。

利用逐步回归法，排除停车场密度后，重新对共线性进行验证，结果如表 4–12、表 4–13 所示，结果显示经过逐步回归方法，在系数表格中，城市建成环境要素量化指标体系中各指标的容差均大于 0.1，且 VIF 均小于 10，在共线性诊断表格中，条件指数均小于 10，表明自变量之间共线性已经排除，原有的自变量指标停车场密度在后续分析中排除。

表 4-10　建成环境要素共线性验证表格——系数

建成环境要素		未标准化系数		标准化系数	t	显著性	共线性统计	
		B	标准误差	Beta			容差	V F
（常量）		0.0030	0.0000		35.0130	0.0000		
密度	X1	0.0000	0.0000	–0.0830	–3.3090	0.0010	0.4370	2.2890
	X2	0.0010	0.0000	0.1050	3.1010	0.0020	0.2380	4.2070
	X3	0.0000	0.0000	0.0710	1.9390	0.0530	0.2000	4.9950
多样性	X4	0.0010	0.0000	0.1270	5.1370	0.0000	0.4450	2.2450
	X5	0.0000	0.0000	–0.0300	–1.7980	0.0720	0.9460	1.0570
	X6	0.0000	0.0000	0.0360	1.8590	0.0630	0.7090	1.4100
	X7–1	0.0000	0.0000	0.0390	1.3150	0.1890	0.3110	3.2130
	X7–2	0.0030	0.0000	0.6310	18.2870	0.0000	0.2290	4.3730
	X7–3	–0.0010	0.0000	–0.1570	–4.0450	0.0000	0.1800	5.5510
	X7–4	0.0000	0.0000	–0.0340	–1.0840	0.2790	0.2760	3.6260
	X7–5	–0.0010	0.0000	–0.2430	–6.3120	0.0000	0.1830	5.4730
	X7–6	0.0000	0.0000	0.0050	0.1610	0.8720	0.3450	2.9000
设计	X8	0.0000	0.0000	–0.0540	–2.1630	0.0310	0.4400	2.2720
	X9	0.0010	0.0000	0.2510	4.7860	0.0000	0.0980	10.1530
目的地可达性	X10	–0.0001	0.0000	–0.0100	–0.4420	0.6580	0.4970	2.0100
公共交通邻近度	X11	0.0000	0.0000	0.0320	1.2400	0.2150	0.4060	2.4510

注：因变量：工作日白天。

表 4-11 建成环境要素共线性验证表格——共线性诊断

维	特征值	条件指标	方差比例															
			（常量）	X1	X2	X3	X4	X5	X6	X7-1	X7-2	X7-3	X7-4	X7-5	X7-6	X8	X9	X10	X11
1	9.6850	1.0000	0.0000	0.0000	0.0000	0.0000	0.0000	0.0000	0.0000	0.0000	0.0000	0.0000	0.0000	0.0000	0.0000	0.0000	0.0000	0.0000	0.0000
2	1.3760	2.6530	0.0000	0.0000	0.0000	0.0000	0.0900	0.0000	0.1300	0.0100	0.0000	0.0100	0.0200	0.0000	0.0100	0.0200	0.0000	0.0000	0.0000
3	1.0240	3.0750	0.0000	0.0000	0.0000	0.0000	0.0000	0.8700	0.0000	0.0000	0.0000	0.0000	0.0000	0.0000	0.0000	0.0100	0.0000	0.0000	0.0000
4	1.0000	3.1120	1.0000	0.0000	0.0000	0.0000	0.0000	0.0000	0.0000	0.0000	0.0000	0.0000	0.0000	0.0000	0.0000	0.0000	0.0000	0.0000	0.0000
5	0.7610	3.5670	0.0000	0.0500	0.0100	0.0100	0.0000	0.0200	0.3700	0.0100	0.0000	0.0000	0.0000	0.0000	0.0800	0.0600	0.0000	0.0300	0.0200
6	0.6620	3.8240	0.0000	0.1700	0.0000	0.0100	0.0000	0.0000	0.0300	0.0100	0.0400	0.0000	0.0100	0.0000	0.0100	0.0000	0.0000	0.2100	0.0800
7	0.5970	4.0280	0.0000	0.0300	0.0000	0.0100	0.2100	0.0100	0.2700	0.0200	0.0200	0.0000	0.0500	0.0100	0.0300	0.0100	0.0000	0.0700	0.0000
8	0.5060	4.3740	0.0000	0.2100	0.0000	0.0100	0.0000	0.0000	0.0200	0.1500	0.0000	0.0300	0.0000	0.0000	0.0900	0.0300	0.0000	0.0700	0.0800
9	0.4860	4.4620	0.0000	0.1100	0.0000	0.0000	0.0200	0.0200	0.0000	0.0300	0.0100	0.0300	0.0000	0.0000	0.0100	0.4500	0.0100	0.1600	0.0000
10	0.3780	5.0640	0.0000	0.0100	0.0000	0.0000	0.0800	0.0000	0.0200	0.0000	0.0200	0.0000	0.0000	0.0000	0.0500	0.0600	0.0000	0.3500	0.5200
11	0.2890	5.7860	0.0000	0.0000	0.0100	0.0000	0.2300	0.0200	0.0000	0.2400	0.0000	0.0100	0.1500	0.1100	0.0900	0.0300	0.0000	0.0200	0.0900
12	0.2650	6.0440	0.0000	0.0300	0.2000	0.0100	0.0000	0.0000	0.0800	0.0400	0.1300	0.0500	0.1500	0.0000	0.1300	0.0000	0.0000	0.0100	0.1000
13	0.2280	6.5160	0.0000	0.1900	0.2200	0.0300	0.0800	0.0000	0.0100	0.0400	0.0200	0.0000	0.0300	0.0000	0.0500	0.0500	0.0000	0.0300	0.0000
14	0.1930	7.0920	0.0000	0.0100	0.2600	0.0200	0.2300	0.0000	0.0100	0.1900	0.1000	0.0200	0.2600	0.0100	0.3800	0.0000	0.0100	0.0000	0.0000
15	0.1740	7.4610	0.0000	0.1100	0.2000	0.5700	0.0000	0.0000	0.0300	0.0400	0.1400	0.0200	0.0400	0.0000	0.0000	0.1600	0.0200	0.0000	0.0500
16	0.1570	7.8530	0.0000	0.0200	0.0200	0.2500	0.0100	0.0300	0.0000	0.0000	0.4200	0.1700	0.1700	0.1600	0.0300	0.1000	0.0000	0.0100	0.0400
17	0.1400	8.3160	0.0000	0.0100	0.0700	0.0100	0.0300	0.0100	0.0000	0.2100	0.0100	0.3700	0.1200	0.6200	0.0200	0.0000	0.0000	0.0000	0.0000
18	0.0790	11.0880	0.0000	0.0600	0.0000	0.0700	0.0000	0.0000	0.0100	0.0100	0.0800	0.2900	0.0000	0.0700	0.0000	0.0000	0.9500	0.0300	0.0000

表 4–12　建成环境要素共线性验证表格（排除停车场）——系数

建成环境要素		未标准化系数		标准化系数	t	显著性	共线性统计	
		B	标准误差	Beta			容差	VIF
（常量）		0.0030	0.0000		34.6630	0.0000		
密度	X1	–0.0010	0.0000	–0.1010	–4.0760	0.0000	0.4480	2.2320
	X2	0.0010	0.0000	0.1080	3.1720	0.0020	0.2380	4.2050
	X3	0.0010	0.0000	0.1030	2.8210	0.0050	0.2070	4.8320
混合度	X4	0.0010	0.0000	0.1260	5.0300	0.0000	0.4460	2.2450
	X5	0.0000	0.0000	–0.0270	–1.5600	0.1190	0.9480	1.0550
	X6	0.0000	0.0000	0.0440	2.2510	0.0250	0.7140	1.4000
	X7–1	0.0000	0.0000	0.0650	2.2110	0.0270	0.3220	3.1050
	X7–2	0.0030	0.0000	0.6750	20.1360	0.0000	0.2470	4.0530
	X7–3	0.0000	0.0000	–0.0790	–2.2210	0.0270	0.2180	4.5820
	X7–4	–0.0001	0.0000	–0.0190	–0.5900	0.5550	0.2790	3.5870
	X7–5	–0.0010	0.0000	–0.2000	–5.2790	0.0000	0.1940	5.1670
	X7–6	0.0000	0.0000	0.0050	0.1940	0.8460	0.3450	2.9000
设计	X8	0.0000	0.0000	–0.0470	–1.8590	0.0630	0.4420	2.2640
	X9	—	—	—	—	—	—	—
目的地可达性	X10	0.0000	0.0000	0.0080	0.3620	0.7170	0.5120	1.9540
公共交通邻近度	X11	0.0000	0.0000	0.0420	1.6320	0.1030	0.4090	2.4440

表 4-13　建成环境要素共线性验证表格（排除停车场）——共线性诊断

维	特征值	条件指标	方差比例														
			（常量）	X1	X2	X3	X4	X5	X6	X7-1	X7-2	X7-3	X7-4	X7-5	X7-6	X8	X9	X11
1	8.8350	1.0000	0.0000	0.0000	0.0000	0.0000	0.0000	0.0000	0.0000	0.0000	0.0000	0.0000	0.0000	0.0000	0.0000	0.0000	0.0000	0.0000
2	1.3440	2.5640	0.0000	0.0000	0.0000	0.0000	0.0900	0.0000	0.1300	0.0100	0.0000	0.0100	0.0300	0.0000	0.0100	0.0300	0.0000	0.0000
3	1.0240	2.9380	0.0000	0.0000	0.0000	0.0000	0.0000	0.8700	0.0000	0.0000	0.0000	0.0000	0.0000	0.0000	0.0000	0.0100	0.0000	0.0000
4	1.0000	2.9720	1.0000	0.0000	0.0000	0.0000	0.0000	0.0000	0.0000	0.0000	0.0000	0.0000	0.0000	0.0000	0.0000	0.0000	0.0000	0.0000
5	0.7610	3.4070	0.0000	0.0500	0.0100	0.0100	0.0000	0.0200	0.3800	0.0100	0.0000	0.0000	0.0000	0.0000	0.0800	0.0600	0.0300	0.0200
6	0.6530	3.6780	0.0000	0.1500	0.0000	0.0000	0.0000	0.0000	0.0400	0.0100	0.0400	0.0000	0.0100	0.0000	0.0200	0.0000	0.2400	0.0800
7	0.5920	3.8620	0.0000	0.0500	0.0000	0.0100	0.2100	0.0200	0.2700	0.0300	0.0300	0.0000	0.0400	0.0100	0.0300	0.0300	0.0500	0.0000
8	0.5060	4.1800	0.0000	0.2400	0.0000	0.0100	0.0100	0.0000	0.0200	0.1400	0.0000	0.0300	0.0000	0.0000	0.0900	0.0100	0.1000	0.0800
9	0.4740	4.3180	0.0000	0.1100	0.0000	0.0000	0.0100	0.0200	0.0000	0.0800	0.0100	0.0500	0.0000	0.0000	0.0000	0.4500	0.1500	0.0000
10	0.3780	4.8370	0.0000	0.0100	0.0000	0.0000	0.0800	0.0000	0.0300	0.0000	0.0200	0.0000	0.0000	0.0000	0.0500	0.0700	0.3500	0.5200
11	0.2880	5.5410	0.0000	0.0000	0.0000	0.0000	0.2500	0.0200	0.0000	0.2000	0.0000	0.0100	0.1900	0.1200	0.1000	0.0300	0.0200	0.1000
12	0.2630	5.7980	0.0000	0.0200	0.2000	0.0100	0.0000	0.0000	0.0800	0.0400	0.1600	0.0700	0.1100	0.0100	0.1300	0.0000	0.0000	0.0900
13	0.2280	6.2260	0.0000	0.2000	0.2400	0.0400	0.0700	0.0000	0.0100	0.0300	0.0200	0.0000	0.0300	0.0000	0.0400	0.0600	0.0300	0.0000
14	0.1890	6.8330	0.0000	0.0000	0.3100	0.0000	0.2200	0.0000	0.0200	0.1500	0.2100	0.0300	0.2000	0.0100	0.3800	0.0300	0.0000	0.0000
15	0.1700	7.2130	0.0000	0.1500	0.1500	0.6900	0.0300	0.0000	0.0300	0.0700	0.0400	0.0700	0.0700	0.0000	0.0100	0.1200	0.0000	0.0400
16	0.1570	7.5040	0.0000	0.0200	0.0100	0.2100	0.0100	0.0300	0.0000	0.0000	0.4500	0.2400	0.1900	0.1800	0.0200	0.1100	0.0100	0.0500
17	0.1400	7.9430	0.0000	0.0000	0.0600	0.0100	0.0300	0.0100	0.0000	0.2200	0.0100	0.4800	0.1200	0.6500	0.0200	0.0000	0.0000	0.0000

5. **城市活力与建成环境要素的相关性分析**

城市活力的空间自相关结果证明城市活力在空间上存在聚集现象，而这种聚集状态在一定程度上与所在空间的建成环境有关，因此本文根据武汉市中心城区城市活力的空间自相关测度结果，在对自变量进行降维、共线性验证后，基于空间权重矩阵 W，对 Y1 工作日白天城市活力、Y2 工作日夜间城市活力、Y3 非工作日白天城市活力、Y4 非工作日夜间城市活力分别与 X1 人口密度、X2 建筑密度、X3 容积率、X4 功能混合度、X5 公园绿地比例、X6 水体比例、X7–1 行政办公类 POI 密度、X7–2 教育文化类 POI 密度、X7–3 商业及金融类 POI 密度、X7–4 商业消费类 POI 密度、X7–5 政府及公共服务类 POI 密度、X7–6 住宅区类 POI 密度、X8 公共厕所密度、X10 道路密度、X11 公共交通点密度进行空间滞后模型（SLM）的空间回归分析。

如表 4–14、表 4–15 所示，工作日白天（9：00–19：00）空间滞后模型的标准差为 0.0050，滞后系数为 0.4756，R^2 为 0.7705，即空间滞后模型对该类结果有 77.05% 的拟合优度。工作日夜间（19：00–22：00）空间滞后模型的标准差为 0.0016，滞后系数为 0.6782，R^2 为 0.8526，即空间滞后模型对该类结果有 85.26% 的拟合优度。非工作日白天（9：00–19：00）空间滞后模型的标准差为 0.0046，滞后系数为 0.4605，R^2 为 0.8257，即空间滞后模型对该类结果有 82.57% 的拟合优度。非工作日夜间（19：00–22：00）空间滞后模型的标准差为 0.0017，滞后系数为 0.4666，R^2 为 0.8106，即空间滞后模型对该类结果有 81.06% 的拟合优度。工作日城市活力和非工作日城市活力与城市建成环境要素量化指标的空间滞后模型拟合度良好，对于整个数据拥有较好的解释度，表明回归结果具有一定的可靠性。

表 4–14　工作日空间滞后模型描述性分析

工作日	S.D.dependent var	Lag coeff.（Rho）	R–squared	S.E of regression
Y1	0.0050	0.4756	0.7705	0.0024
Y2	0.0016	0.6782	0.8526	0.0006

表 4-15　非工作日空间滞后模型描述性分析

非工作日	S.D dependent var	Lag coeff.（Rho）	R-squared	S.E of regression
Y3	0.0046	0.4605	0.8257	0.0019
Y4	0.0017	0.4666	0.8106	0.0007

城市活力与城市建成环境要素量化指标体系的相关性结果如表 4-16、表 4-17 所示。

4.5.3　分析结果解读

人口密度与 Y1、Y2、Y3、Y4 空间滞后模型中 *P* 值分别为 0.0003、0.0000、0.0000、0.0000、0.0000、0.0000，均小于 0.01，表明城市活力与人口密度存在显著相关性，而相关性系数表明人口密度对于城市活力有一定的抑制作用。

城市活力的外在表征是城市人群及其活动的时空分布，城市建成环境的本身并不能产生活力，人群出于不同的活动需求产生空间移动，包括就业通勤、休闲、购物、上学、就医等，进而表现为城市活力在城市空间内聚集、分散。上述的结果与人们日常认知有所出入，但就武汉市中心城区而言，城市人口高度集中，一方面，对于样本区域而言，人口密度越高，产生相同活力强度的城市人群数量对于整体而言越不明显；另一方面，城市对城市人群及其活动承载能力有限，人口密度越高，城市提供的承载空间对于人群个体来说越低，故而人口密度在相关性表现上对城市活力有一定的抑制作用。

建筑密度与 Y1、Y2、Y3、Y4 空间滞后模型中 *P* 值分别为 0.0964、0.0955、0.0119、0.0020，建筑密度与 Y1、Y2 的 *P* 值均大于 0.05，建筑密度与 Y3、Y4 的 *P* 值均小于 0.05，表明工作日城市活力与建筑密度不存在相关性，非工作日城市活力与建筑密度存在相关性，且建筑密度与 Y3、Y4 的相关系数表明建筑密度在非工作日对于城市活力有正面的促进作用。

表 4–16　工作日空间滞后模型相关性表格

		Y1				Y2			
	Variable	Coefficient	Std.Error	z–value	Probability	Coefficient	Std.Error	z–value	Probability
	W_工作日白天	0.4756	0.0275	17.2940	0.0000	0.6782	0.0206	32.8739	0.0000
	CONSTANT	0.0015	0.0001	13.7947	0.0000	0.0004	0.0000	11.7386	0.0000
密度	人口密度	–0.0004	0.0001	–3.6565	0.0003	–0.0002	0.0000	–5.7037	0.0000
	建筑密度	0.0002	0.0001	1.6626	0.0964	0.0001	0.0000	1.6673	0.0955
	容积率	0.0002	0.0002	1.5554	0.1199	0.0001	0.0000	3.5346	0.0004
多样性	功能混合度	0.0003	0.0001	2.4178	0.0156	0.0001	0.0000	2.2263	0.0260
	公园绿地比例	–0.0002	0.0001	–2.1965	0.0281	0.0000	0.0000	–0.6658	0.5056
	水体比例	0.0000	0.0001	–0.3498	0.7265	0.0000	0.0000	–0.0924	0.9264
	行政办公类 POI 密度	0.0001	0.0001	1.0342	0.0156	0.0000	0.0000	0.4760	0.6341
	教育文化类 POI 密度	0.0025	0.0002	16.2451	0.0000	0.0004	0.0000	11.3696	0.0000
	商业及金融类 POI 密度	–0.0003	0.0002	–1.6528	0.0984	–0.0001	0.0000	–2.3003	0.0214
	商业消费类 POI 密度	0.0000	0.0001	0.2373	0.8124	0.0000	0.0000	1.2374	0.2159
	政府及公共服务类 POI 密度	–0.0008	0.0002	–4.6842	0.0000	–0.0001	0.0000	–1.3950	0.1630
	住宅区类 POI 密度	–0.0001	0.0001	–0.5488	0.5831	0.0001	0.0000	1.8008	0.0717
设计特征	公共厕所密度	–0.0001	0.0001	–1.3428	0.1794	–0.0001	0.0000	–2.6945	0.0071
目的地可达性	道路密度	–0.0001	0.0001	–0.6290	0.5293	0.0000	0.0000	–0.0650	0.3482
公共交通邻近度	公共交通点密度	0.0002	0.0001	1.9175	0.0552	0.0000	0.0000	0.6220	0.5340

表 4-17　非工作日空间滞后模型相关性表格

		Y3				Y4			
	Variable	Coefficient	Std.Error	z-value	Probability	Coefficient	Std.Error	z-value	Probability
	W_非工作日白天	0.4605	0.0256	17.9713	0.0000	0.4666	0.0264	17.6841	0.0000
	CONSTANT	0.0015	0.0001	16.2135	0.0000	0.0006	0.0000	15.5727	0.0000
密度	人口密度	-0.0005	0.0001	-5.7077	0.0000	-0.0002	0.0000	-5.5587	0.0000
	建筑密度	0.0003	0.0001	2.5152	0.0119	0.0001	0.0000	3.0848	0.0020
	容积率	0.0004	0.0001	2.9050	0.0037	0.0002	0.0001	3.5952	0.0003
多样性	功能混合度	0.0002	0.0001	2.0563	0.0398	0.0001	0.0000	2.3446	0.0191
	公园绿地比例	-0.0001	0.0001	-2.3438	0.0191	-0.0001	0.0000	-2.5838	0.0098
	水体比例	-0.0001	0.0001	-0.7202	0.4714	0.0000	0.0000	-0.7310	0.4648
	行政办公类 POI 密度	0.0000	0.0001	-0.0322	0.9743	-0.0001	0.0000	-1.3483	0.1776
	教育文化类 POI 密度	0.0020	0.0001	16.4866	0.0000	0.0007	0.0000	14.9094	0.0000
	商业及金融类 POI 密度	-0.0002	0.0001	-1.4473	0.1478	-0.0001	0.0000	-1.5333	0.1252
	商业消费类 POI 密度	0.0002	0.0001	1.6286	0.1034	0.0001	0.0000	2.4660	0.0137
	政府及公共服务类 POI 密度	-0.0006	0.0001	-4.5881	0.0000	-0.0002	0.0001	-4.0800	0.0001
	住宅区类 POI 密度	0.0002	0.0001	2.2784	0.0227	0.0001	0.0000	2.9980	0.0027
设计特征	公共厕所密度	0.0001	0.0001	0.6147	0.5388	0.0000	0.0000	-1.3927	0.1637
目的地可达性	道路密度	-0.0001	0.0001	-0.7536	0.4511	0.0000	0.0000	-0.7768	0.4373
公共交通邻近度	公共交通点密度	0.0003	0.0001	3.1178	0.0018	0.0001	0.0000	1.7157	0.0862

工作日白天城市人群分布由于武汉市中心城区职住分离现象的存在主要集中在工作地，相较之下，弱化了其余高密度地区的城市活力，如居住组团，表现为工作日白天城市活力与建筑密度不相关；城市活力具有持续性，导致工作日夜间城市活力也可能受到白天城市活力影响，另外结合工作日夜间城市活力在空间上分布在居住组团及商业区附近，而商业区与居住组团建筑密度不一致，导致工作日城市活力与建筑密度不存在相关性。非工作日城市人群主要活动为休闲娱乐、消费购物等，相较于就业通勤，地点倾向性不明显，整体上消除了职住分离对于其余地区城市活力的影响，进而使城市活力的分布也相对分散，相关系数则表明建筑密度高的地区会为人群提供丰富的空间，满足不同类型人群的活动需求，进而促进城市活力的发生。

容积率与 Y1、Y2、Y3、Y4 空间滞后模型中 *P* 值分别为 0.1199、0.0004、0.0037、0.0003，容积率与 Y1 的 *P* 值大于 0.05，容积率与 Y2、Y3、Y4 的 *P* 值均小于 0.05，表明工作日白天城市活力与 X3 容积率不存在相关性，工作日夜间、非工作日城市活力与容积率存在相关性，且容积率与 Y2、Y3、Y4 的相关系数表明容积率在夜间及非工作日白天对于城市活力有正面的促进作用。

容积率量化指标是建筑密度量化指标在立面上的补充，与城市活力的相关性和建筑密度与城市活力的相关性类似，不同点在于工作日夜间的相关性，具体为建筑密度在工作日夜间与城市活力不相关，而容积率在工作日夜间与城市活力存在正相关。工作日白天城市人群主要集中分布在工作地，弱化了其余高容积率区域的城市活力，表现为工作日白天城市活力与容积率不相关；工作日夜间城市活力分布在居住组团与商业区附近，考虑当前居住区、商业区同样高容积率的开发，故而容积率与工作日夜间城市活力存在相关性，这样的结果说明了工作日白天城市活力对于工作日夜间城市活力的影响并不是特别明显。而相关系数表明城市容积率高可以提供更丰富的空间使用选择，同时增加了人群活动的种类及持续性人群活动的容纳能力。

功能混合度与 Y1、Y2、Y3、Y4 空间滞后模型中 *P* 值分别为 0.0156、0.0260、0.0398、0.0191，均小于 0.05，表明城市活力与功能混合度存在相关性，相关系数均大于 0.05，表明功能混合度对于城市活力有正面的促进作用，且白天的促进作用大于夜间的促进作用。

功能混合度在一定程度上表明用地功能多样性及建筑三维立体的多样性。用地功能类型多样提供更多人群活动选择，三维立体多样性也从心理上使环境对人群更具吸引力，功能混合度越大，越能够便捷地满足人们的各类需求，进而能够使城市空间在不同的时间点都能聚集足够的人流，从而产生更多的社会交互，促进多元化消费，激发更多活动产生，进一步营造活力，即功能混合度高的空间，活力强度具备更高的稳定性。

公园绿地比例在 4 类因变量的空间滞后模型中 *P* 值分别为 0.0281、0.5056、0.0191、0.0098，与 Y1、Y3、Y4 的 *P* 值小于 0.05 表明工作日白天城市活力、非工作日与公园绿地比例存在相关性，工作日夜间城市活力与公园绿地面积不存在相关性，且相关系数表明公园绿地密度在工作日白天及非工作日对于城市活力有一定抑制作用。

工作日白天城市人群日常活动主要为就业通勤与居家夜眠，具有固定和显著的时空特性，但仍显示城市活力与公园绿地密度相关，证明了公园绿地密度对于城市活力的影响，而工作日夜间城市人群可能由于工作的原因，表现为城市活力与公园绿地密度不存在相关性。非工作日人群的基本日常活动种类变化，就业通勤类活动减少，休闲娱乐需求增加，故而公园绿地密度与城市活力存在相关性，相关性系数证明该相关性为负相关，该结论与王玉琢上海中心城区城市活力的相关研究有相似之处——景观空间是目前上海中心城区活力较为不足的活力负效应空间。这和我们的日常认知有所出入，一方面这是由于公园绿地本身比商业、居住等类型的用地容纳人员数少，另一方面则可能是公园绿地尚未充分发挥带动空间活力的作用，故而呈现对于城市活力的抑制。

水体比例在 4 类空间滞后模型中 *P* 值分别为 0.7265、0.9264、0.4714、0.4648，均大于 0.05，表明城市活力与水体比例不存在相关性。这与我们日常认知有所出入，造成该结果一方面是由于水体本身的特性受生态红线保护影响，靠近水体的区域一般为生态保护区或生态敏感区，可进入性相对较差，在城市中一般为绿地、公园等，如汉口江滩、东湖等，虽具有休闲娱乐属性，但城市活力较低，另一方面则可能是水体分布整体呈现沿江、沿河的趋势，当前的量化方法存在一定缺陷，故而在城市层面，城市活力与水体密度不存在相关性，关于该问题有待进一步研究。

行政办公类 POI 密度与 Y1、Y2、Y3、Y4 空间滞后模型中 *P* 值分别为 0.3010、0.6341、0.9743、0.1776，均大于 0.05，表明城市活力与行政办公类 POI 密度不存在相关性；教育文化类 POI 密度与 Y1、Y2、Y3、Y4 空间滞后模型中 *P* 值分别为 0.0000、0.0000、0.0000、0.0000，均小于 0.01，表明城市活力与教育文化类 POI 密度存在显著相关性，相关性系数表明该相关是正相关；商业金融类 POI 密度与 Y1、Y2、Y3、Y4 空间滞后模型中 *P* 值分别为 0.0984、0.0214、0.1478、0.1252，与 Y1、Y3、Y4 的 *P* 值大于 0.05，商业及金融类 POI 与 Y2 的 *P* 值小于 0.05，表明工作日白天、非工作日城市活力与商业及金融类 POI 密度不存在相关性，工作日夜间城市活力与商业及金融类 POI 密度存在相关性；商业消费类 POI 密度与 Y1、Y2、Y3、Y4 空间滞后模型中 *P* 值分别为 0.8124、0.2159、0.1034、0.0137，与 Y1、Y2、Y3 的 *P* 值大于 0.05，与 Y4 的 *P* 值小于 0.05，表明工作日、非工作日白天城市活力与商业消费类 POI 密度不存在相关性，非工作日夜间城市活力与商业消费类 POI 密度存在相关性；政府及公共服务类 POI 密度与 Y1、Y2、Y3、Y4 空间滞后模型中 *P* 值分别为 0.0000、0.1630、0.0000、0.0001，与 Y2 的 *P* 值大于 0.05，与 Y1、Y3、Y4 的 *P* 值小于 0.05，表明工作日白天及非工作日城市活力与政府及公共服务类 POI 密度存在相关性，且呈现负相关，工作日夜间城市活力与政府及公共服务类 POI 密度不存在相关性；住宅区类 POI 密度与 Y1、Y2、Y3、Y4 空间滞后模型中 *P* 值分别为 0.5831、0.0717、0.0227、0.0027，与 Y1、Y2 的 *P* 值均大于 0.05，与 Y3、Y4 的 *P* 值小于 0.05，表明工作日城市活力与住宅区类 POI 密度不存在相关性，非工作日城市活力与住宅区类 POI 密度存在相关性。行政办公类 POI 主要包括公司企业，往往占地面积相对较大，工作人数相对较少，且工作日时工作人群除了必要的工作需要外，活动种类相对较少，而非工作日人群分散，故而呈现行政办公类 POI 密度与城市活力不存在相关性；教育文化类 POI 主要包括学校及培训机构等，单位面积内城市人群分布数量较多（学生团体），因而文化教育类 POI 密度与城市活力存在相关性，相关系数也表明文化教育类 POI 密度对城市活力有促进作用，这样的结果与前文关于科教用地的相关研究相符合；商业及金融类 POI、商业消费类 POI、政府及公共服务类 POI 3 类与城市活力相关性变动规律较为复杂，各大类 POI 成分也相对复杂，鉴于不同类别的 POI 数据对于人群活动的影响程度不同，即使是同一种 POI 数据也会因为实际大小、面积、经营等社会性因素对人群活动影响程度产生差异，且商业及金融类、商业消费类因业态等原因，实际大小及面积不固定，吸引人群的能力不同，故而相关性分析结果有待进一步验证；住宅区类 POI 包括住宅区、商务住宅等，考虑到武汉市城市人群工作日职住分离的现状，故而工作日白天与城市活力不存在相关性，而根据城市活力的持续性以及研究时段的影响，一方面，工作日白天城市活力对于夜间城市活力产生一定影响，另一方面，夜间研究时段最晚到 22 点，部分城市人群还未回家，因而表现住宅区类 POI 与工作日城市活力不存在相关性，而与非工作日城市活力存在相关性，相关性系数表明住宅区类 POI 密度越高，城市活力越高，这样的结果也符合城市活力在空间上的变动特征。

公共厕所密度与 Y1、Y2、Y3、Y4 空间滞后模型中 P 值分别为 0.1794、0.0071、0.5388、0.1637，表明工作日白天、非工作日白天、非工作日夜间城市活力与厕所密度存在和不存在相关性，工作日夜间城市活力与厕所密度存在相关性。

道路密度与 Y1、Y2、Y3、Y4 空间滞后模型中 P 值分别为 0.5293、0.9482、0.4511、0.4373，均大于 0.05，表明城市活力与道路密度不存在相关性。本文的道路包括快速路、主干路、行车速度快的次干路以及其他一些车流量较大的道路，其主要功能为交通功能，功能性过于单一，仅仅起到连通城市功能区的作用，而且由于数据的来源基于城市人群对于手机或其他电子设备的使用，考虑到在行车速度过快的道路上使用手机过于不安全，进而从表现上来看，道路密度的高低无法促进城市活力的发生，另外，由于武汉市中心城区存在大量水体与山体，街道密度分布被割裂，相关研究有待进一步完善。

公共交通点密度与 Y1、Y2、Y3、Y4 空间滞后模型中 *P* 值分别为 0.0552、0.5340、0.0018、0.0862，与 Y1、Y2、Y4 的 *P* 值均大于 0.05，与 Y3 的 *P* 值小于 0.05，表明工作日白天、工作日夜间、非工作日夜间城市活力与公共交通点密度不存在相关性，非工作日白天城市活力与公共交通点密度存在相关性，同时非工作日白天相关系数大于 0，表明公共交通点密度在非工作日白天对于城市活力有正面的促进作用。

这与我们日常的认知有所差别，但就工作日白天而言，城市人群活动以就业通勤类活动为主，目的性相对明确，空间移动范围小，而且由于本文对白天时段设定为 9：00 到 18：00，通勤时段一般为 7：00 到 9：00、12：00 到 14：00 以及 18：00 到 20：00（本文的数据未统计 7：00、8：00，造成通勤时段的缺失），白天城市活力中有极大其余时段数据对整体数据影响较大，造成公共交通点密度与工作日城市活力不存在相关性；非工作日人群活动以休闲娱乐、消费购物为主，目的性相对模糊，进而会影响城市人群的出行方式，增加对于公共交通的选择；而工作日夜间和非工作日夜间均表现为城市活力与公共交通点密度无关，时间段为 19：00 到 22：00，考虑到城市公共交通时间、路线固定及安全性等，夜间使用公共交通可能有所不便。

4.6　宏观尺度城市活力分析总结

本文以武汉市中心城区为例，基于城市活力以城市人群时空分布为外在表征及建成环境 5D 指标，通过空间分析方法与经典统计对城市活力时空分布及城市活力和城市建成环境的关系进行了研究，其研究成果一方面解读了城市活力的时空分布规律，另一方面定量测定了城市活力的空间自相关，并证实了城市建成环境要素对城市活力存在不同程度的影响。

本研究从时间、空间、重心位置偏移3个角度分析城市活力的时空分布规律，得出以下结论。

城市活力总量恒定（上下误差为3%）；工作日城市活力时间变动阶段分为活力减弱期、活力波动期、活力稳定期，非工作日城市活力时间变动阶段分为活力凝聚期、活动波动期、活动稳定期，其变动表现与城市人群活动种类转化有关；工作日城市活力空间变动呈现“多点聚集——波动变化——持续波动”的趋势，非工作日城市活力空间变动呈现“聚集——波动变化——持续波动”的趋势；城市活力整体重心偏移趋势为由东南向西北逐渐偏移。

本研究对城市建成环境中城市活力进行了全局空间自相关测度，城市活力的空间自相关效应得到证实，即各研究样本中城市活力受到邻近样本城市活力的影响，在空间上不是相互独立，而是相互依赖，且城市活力之间存在空间正相关，即城市活力在样本空间中呈现聚集模式。本研究引入空间权重矩阵，将城市活力与城市建成环境要素建立联系，并通过空间滞后模型进一步研究城市活力与城市建成环境量化指标的相关性，结果显示：人口密度与城市活力存在负相关，这和我们日常认知有所出入。一方面是因为对于样本区域而言，人口密度越高，产生相同活力强度的城市人群数量对于整体而言越不明显；另一方面，城市对城市人群及其活动承载能力有限，人口密度越高，城市提供的承载空间对于人群个体来说越低；工作日城市活力与建筑密度不存在相关性，非工作日城市活力与建筑密度存在相关性，建筑密度在非工作日对于城市活力有正面的促进作用；工作日白天城市活力与容积率不存在相关性，工作日夜间、非工作日城市活力与容积率存在相关性，且容积率在夜间及非工作日白天对于城市活力有正面的促进作用。

在多样性要素中，功能混合度与城市活力存在正相关，即功能混合度高的空间，活力强度具备更高的稳定性；工作日白天城市活力、非工作日与公园绿地比例存在相关性，工作日夜间城市活力与公园绿地面积不存在相关性，且相关系数表明公园绿地密度在工作日白天及非工作日对于城市活力有一定抑制作用，这同样与我们认知相反。一方面这是由于公园绿地本身比商业、居住等类型的用地容纳人员数少，另一方面则可能是公园绿地尚未充分发挥带动空间活力的作用，故而呈现对于城市活力的抑制；城市活力与水体比例不存在相关性；不同类别的 POI 密度对于人群活动的影响程度不同。

在设计要素中，城市活力与街道密度存在显著相关性，且街道密度对于城市活力有正面的促进作用，在白天的促进作用大于夜间的促进作用；工作日白天、非工作日白天、非工作日夜间城市活力与厕所密度存在和不存在相关性，工作日夜间城市活力与厕所密度存在相关性，但考虑到当前厕所密度的空间分布，城市活力与公共厕所密度的相关性有待进一步验证。

在目的地可达性要素中，城市活力与道路密度不存在相关性。在公共交通临近度要素中，工作日白天、工作日夜间、非工作日夜间城市活力与公共交通点密度不存在相关性，非工作日白天城市活力与公共交通点密度存在相关性。

第5章　中观尺度下建成环境与城市活力的分析

城市居民所有的出行方式都依托于城市街道展开，因此街道在城市生活中扮演着极为重要的角色，它不仅是交通的主要载体，也是重要的城市开放空间，是居民认识城市和城市生活的基本单元。因此，本节将在相关理论模型的研究基础上，在中观尺度上选取城市街道作为研究样本，根据构建的城市建成环境特征指标，获取城市街道建成环境特征数据及人群热力分布数据，然后对城市街道建成环境和街道活力进行评价并分析其相关性，根据研究结果，对武汉市江汉区城市街道设计提出客观的建议。

5.1　中观尺度城市活力表征

本研究以研究范围内特定时间段每隔一小时的人口热力数据为基础，通过 ArcGIS 计算各个街道缓冲区内点的数量和相对密度，作为街道活力外在的表征。

在测算城市人口热力数据之前，为了减少不同层级道路在辐射范围和路幅面积上的差异对数据结果的影响，本研究基于前人的研究结果，对不同道路等级的缓冲区做了差异化处理：宽度在 15m 以内的街道以道路中线为中心在两侧各做 50m 的缓冲区；宽度在 15m~25m 的街道由道路中线向两侧各做 55m 的缓冲区 B1，由道路中线向两侧各做 5m 的缓冲区 B2，用 B1 减去 B2 得到中间镂空 10m 的两侧实际宽度为 50m 的缓冲区；以同样的方式对宽度为 25m~35m 的街道做镂空 20m 的缓冲区；宽度为 35m~45m 的街道缓冲区的镂空为 30m，宽度 45m 以上的街道缓冲区镂空为 40m（图 5-1）。

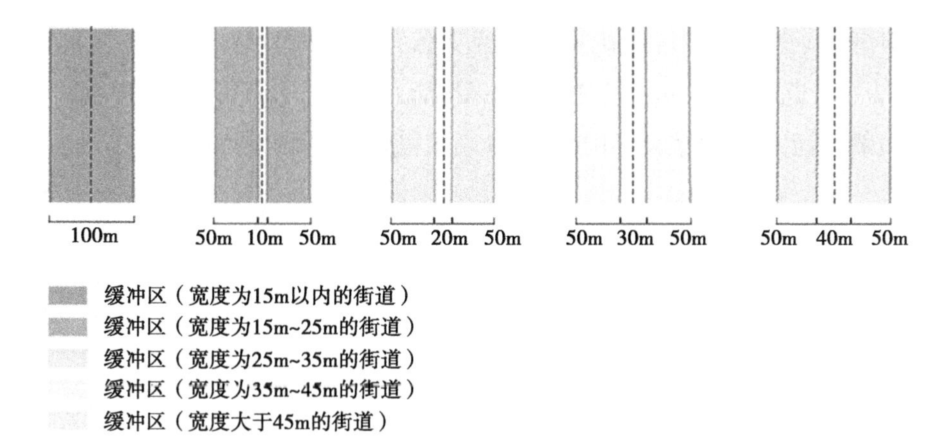

图 5–1　不同道路等级的缓冲区

将每条街道缓冲区内不同统计时刻的点数据的数量除以街道长度得到该时刻此条街道的瞬时活力值：

$$V_{xi}= N_x/L_i$$

V_{xi} 表示街道在 x 时刻的街道 i 瞬时活力值，N_x 表示此街道在 x 时刻缓冲区内点的数量，L_i 表示街道 i 的长度。

在此，基于街道瞬时活力值的基础上引入“瞬时总体活力值”（V_x）和“街道平均活力值”（V_i）分别表示在特定时间点所有街道的活力平均值和某条样本街道在特定时间段内的平均活力值。

1. 瞬时总体活力值

“瞬时总体活力值”（Vx）从时间切片的角度描述街道空间活力的动态变化。指在不同时刻所反映的研究范围内的总体瞬时活力值，用于描述街道活力时间序列变化特征。将某时刻所有街道的瞬时活力值相加并除以街道数量所得的值作为瞬时总体活力值。计算公式为：Vx= sum（Vxi）/n，（i = 1，...，n），其中 Vxi 表示街道在 x 时刻的街道 i 瞬时活力值。

2. 平均活力值

为了反映某时间段内各个样本街道活力的平均强度，研究引入“平均活力值”（V）对街道空间活力进行量化评价。用于描述街道活力在某时间段内的空间分布特征。将各个街道在某段时间内的各自瞬时活力值相加并除以此段时间内时刻的数量所得值作为平均活力值。计算公式为：$V_i = \mathrm{sum}(V_{ix})/n$，$V_i$ 表示街道 i 在 $x1$ xn 这段时间内的平均活力值，V_{ix} 表示街道在 x 时刻的街道 i 瞬时活力值，x 表示不同时刻，n 表示相加的不同时刻的数量。

5.2 中观尺度城市活力时空变化模式

街道空间活力的外部表征由街道使用者及其活动组成，其外部表征值的高低主要反映在街道上活动的人口数量。人是街道活力的主体，是给街道带来生气的关键元素，因此人的活动数量和密度是街道活力外在表征的重要参考指标。城市街道建成环境则是活力的载体，可以理解为街道物质构成要素对主体活动的支持程度。街道活力外在表征维度下，就是对具象的街道活力进行量化评价。

5.2.1 中观尺度城市活力时间变化特征

城市内人群活动通常具有一定规律性。一般情况下，人群活动规律在工作日（周一至周五）和非工作日（周六及周日）存在一定差异，在一天之内的早中晚 3 个时间段也存在差异。因此，研究对工作日和非工作日街道空间活力的早、中、晚（9：00—11：00、14：00—17：00、19：00—22：00）3 个时间段进行分析，并且对工作日街道活力和非工作日街道活力进行对比分析。

1. 工作日街道活力时间序列特征

将两个工作日每个整点所有街道的瞬时活力进行平均计算得到该时刻街道的平均活力，进而得到工作日街道活力时间变化折线统计图。由图可知，两个工作日的街道活力随时间变化的规律较为相似：两条曲线都有 3 个峰值，分别为 9：00、12：00 和 18：00。其中 18：00 的峰值最高，其次为 9：00，最后是 12：00。

将两个工作日每个时间点的街道活力值相加得到工作日街道活力变化趋势曲线，如图 5-2 所示，街道活力从 9：00 开始下降，10：00 至 12：00 街道活力未呈现出较大波动，略有缓慢上升趋势，在 12：00 达到小高峰，随即开始下降一直到 14：00，此时整体街道活力为全天最低，然后活力值又逐渐上升，到 18：00 达到工作日街道活力高峰，随后街道活力开始下降到 21：00，21：00 到 22：00 活力值则无明显变化。

总体来看街道晚上的活力值大于早上，下午最低，工作日街道活力变化和必要性活动关系较为紧密，因为街道活力一天中 3 个峰值皆为通勤时间。

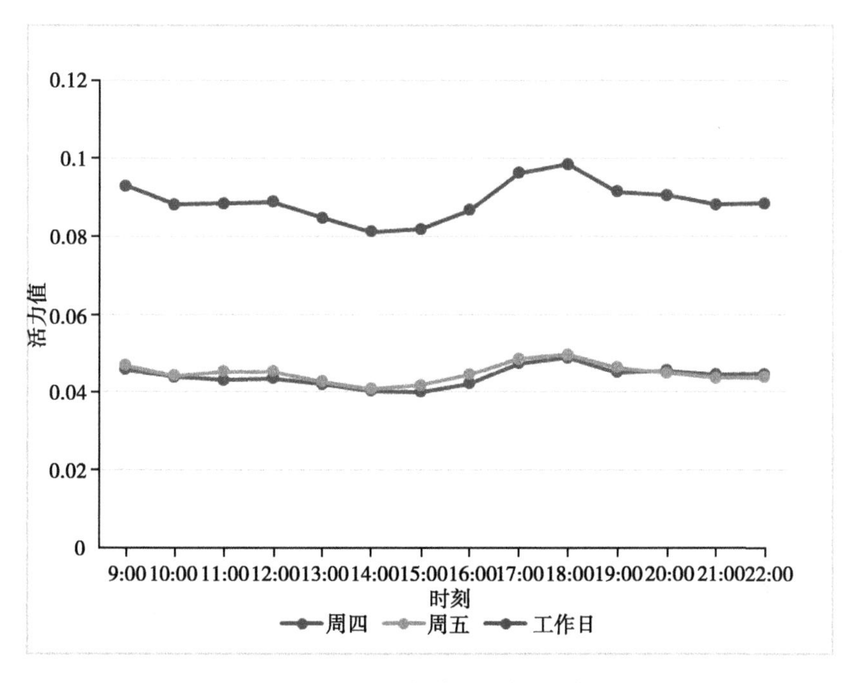

图 5-2　工作日街道活力变化趋势图

2. **非工作日街道活力时间序列特征**

将两个非工作日每个整点所有街道的瞬时活力进行平均计算得到该时刻街道的平均活力，进而得到非工作日街道活力随时间变趋势图。如图 5-3 所示，两个非工作日的街道活力随时间变化的规律同样极为相似：两条曲线都有 2 个峰值，分别为 12：00 和 18：00，并且两个峰值的大小相似，整体街道活力随时间的变化也较为平缓。

将两个非工作日每个时间点的街道活力值相加得到非工作日街道活力变化趋势曲线，9：00 为统计时间内街道活力最低的时刻，随后街道活力开始平缓上升，在 12：00 达峰值，随即开始缓慢下降一直到 15：00，然后活力值又逐渐上升到 18：00 达到非工作日工街道活力又一高峰，随后街道活力开始下降到 19：00，随后街道活力无明显变化趋势一直到 21：00 略有下降。

由于没有通勤的影响，街道活力值在一天中的变化趋势较为平缓，下午和晚上的活力值大于早上，然而一天的活力值还是在 12：00 和 18：00 呈现出小高峰，可能由于人们的习惯受工作日影响较大形成了习惯性活动。

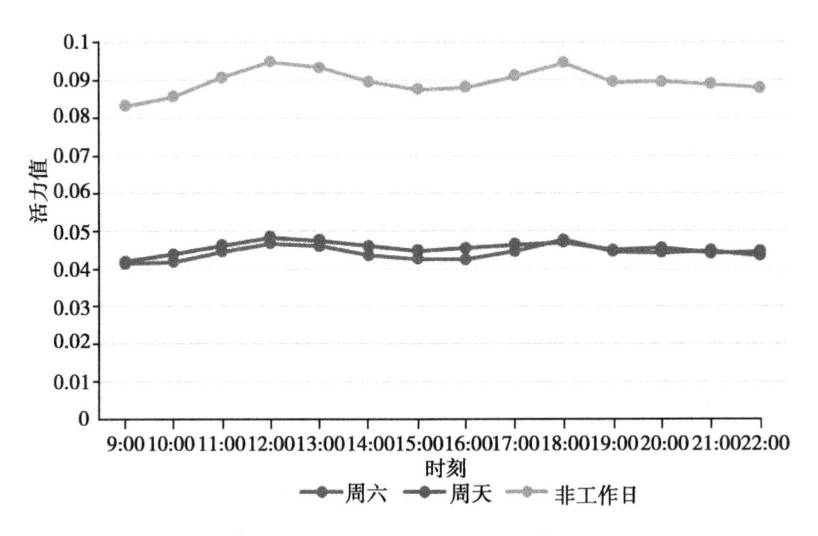

图 5–3 非工作日街道活力变化趋势图

3. 工作日与非工作日对比分析

工作日和非工作日街道活力均表现出波浪形的变化态势，说明街道活力在工作日和非工作日皆有波动。从波动幅度来看，非工作日街道活力变化幅度较小，整体街道活力较高，可能与非工作日人们进行非必要性活动较多有关，如购物、休闲、游憩等活动。相比之下，工作日街道人群活动类型单一，并且有通勤影响人的行为模式，由此导致工作日间活力变化的街道数量波动较大（图 5–4）。

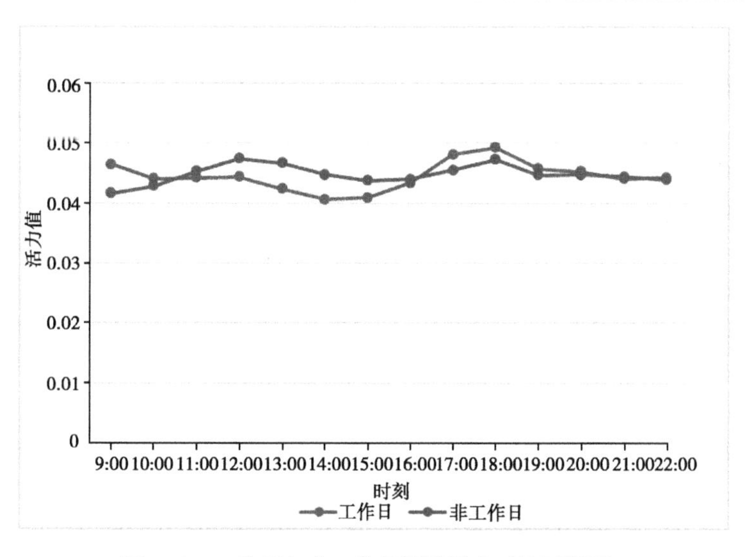

图 5-4　工作日与非工作日街道活力对比时间图

5.2.2　中观尺度城市活力空间变化特征

1. 工作日城市街道活力空间特征

将研究时段的两个工作日内早、中、晚 3 个时间段的街道活力值平均计算后得到工作日早上街道活力空间分布图，颜色由红到黄代表街道活力由高到低（图 5-5~ 图 5-7）。

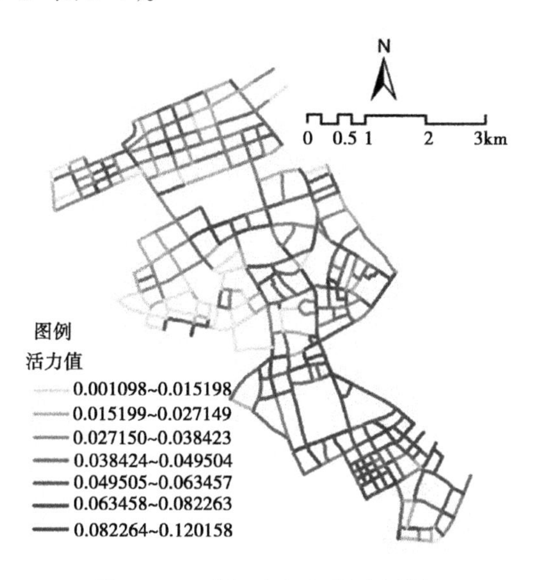

图 5-5　工作日上午街道活力特征

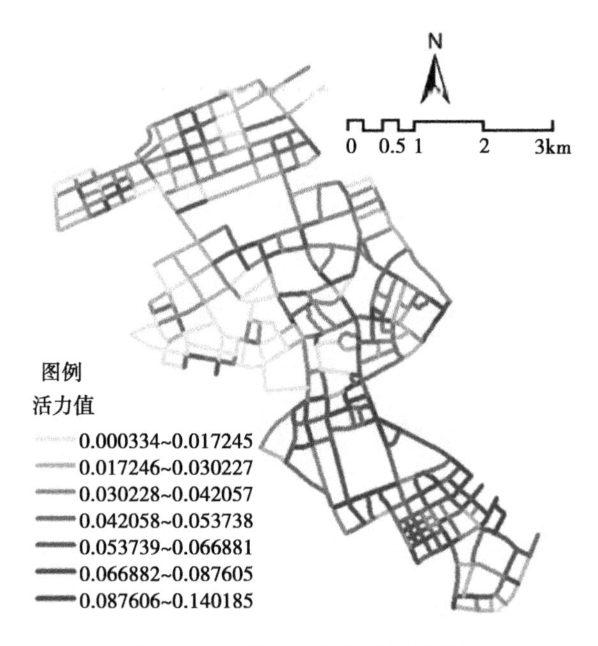

图 5-6 工作日下午街道活力特征

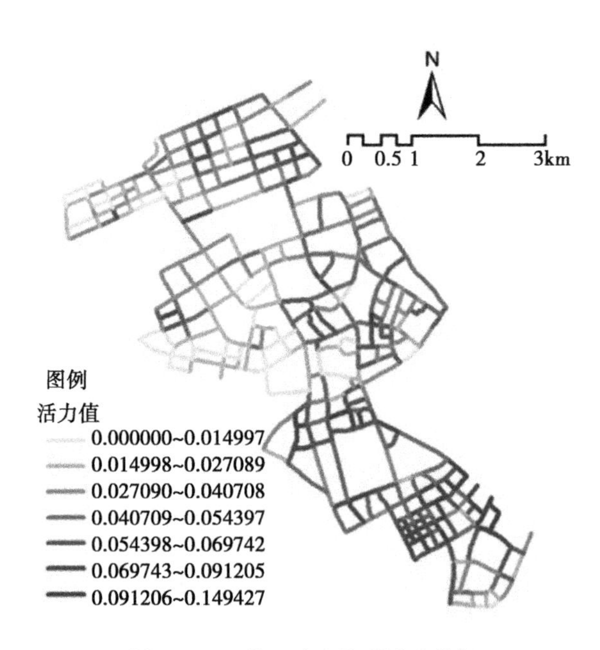

图 5-7 工作日晚上街道活力特征

各个样本街段的街道活力存在一定程度的差异性。街道层级对街道活力有一定的影响，街道活力较高的大部分为层级较低的街道，可能由于其可步行性较强。部分靠近市中心的区域层级较高的街道活力也比较高，如二环线以内的青年路和新华路。同时街道的活力分布大体呈现出由市中心向外逐渐衰减的趋势，分布在建设大道和中山大道之间几乎都为活力值较高的街道。而中山大道以南的街道虽然也在市中心区域，其部分样本街道活力较低。建设大道和二环线之间的样本街道活力值明显降低，其西部片区的大部分街道活力值处于最低等级，其东部片区街道活力值参差不齐，高低不一。而二环线以北的街道活力值普遍较低，偶有几条活力值较高的街道。

将两个工作日下午街道活力值平均计算后得到工作日下午街道活力分布可视图，工作日下午街道活力分布与早上街道活力分布较为相似，大多数活力较高的街道为层级较低的街道，街道活力值也随区位向三环扩散而逐渐衰减，但是建设大道以北的高活力街道数量相比早上有所减少，建设大道以南的街道活力相比早上有所增加，说明整体街道活力向武汉市中心城区聚集。

工作日晚间街道活力分布与早上和下午街道活力分布部分相似，大多数活力较高的街道为层级较低的街道，街道活力值也随区位向三环扩散而逐渐衰减。不同之处在于三环线和发展大道之间的几乎所有样本街段的活力分别以常青路和青年路为界限皆呈现出东高西低的特点。

2. 非工作日街道活力空间特征

将研究统计的两个非工作日内早、中、晚3个时间段的街道活力值平均计算后得到工作日早上街道活力分布可视图，颜色由红到黄代表街道活力由高到低（图5-8~图5-10）。

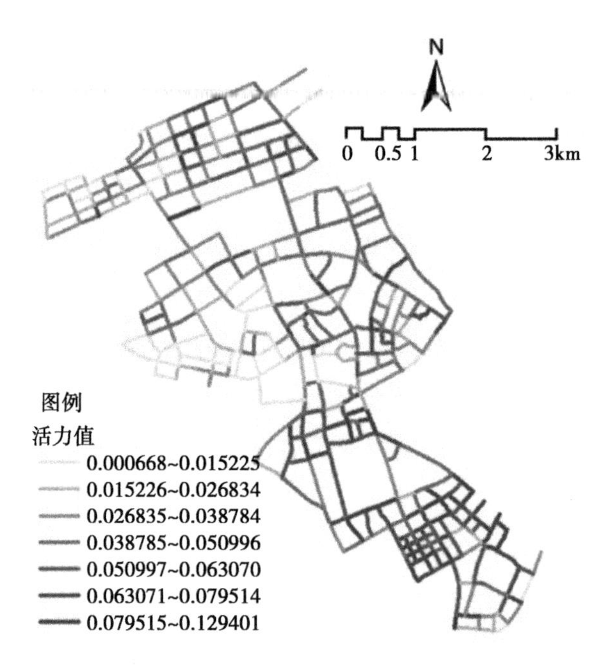

图 5-8 非工作日早上街道活力特征

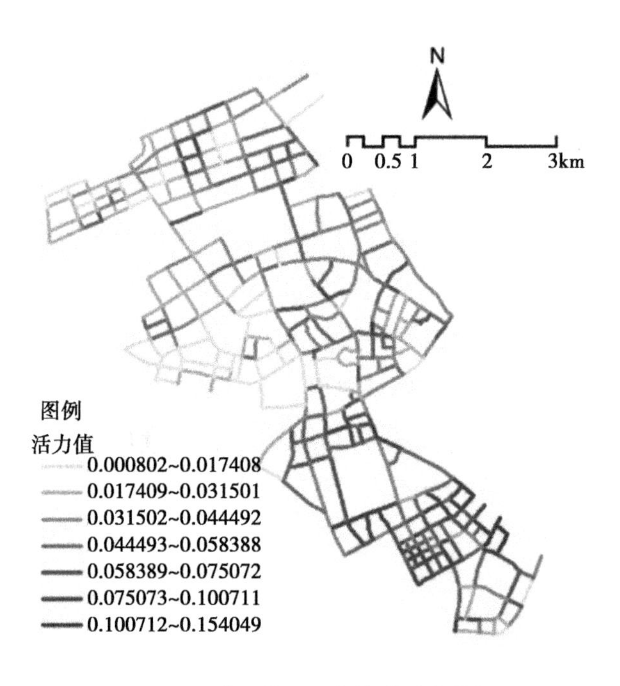

图 5-9 非工作日下午街道活力特征

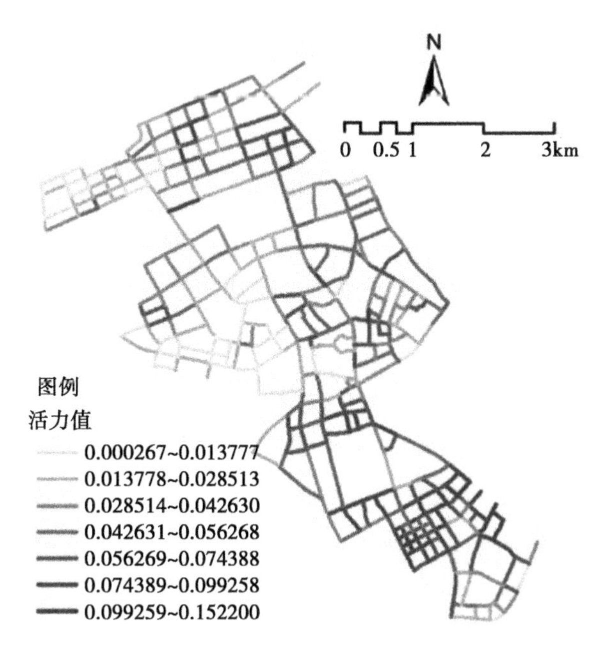

图 5-10 非工作日晚上街道活力特征

非工作日早上街道活力的分布特征与工作日晚上街道活力分布较为相似，同样在三环线和发展大道之间的几乎所有样本街段的活力呈现出东高西低的特点，可能由于该片区样本街段的工作日白天的活力是由于必要性活动形成的，因此在工作日晚上和休息日就无法形成。

而三环线和二环线之间，常青路以东片区的街道活力明显较工作日早上高，该片区用地大多数为居民区，此现象可能是由于居民区在非工作日早上的休闲活动造成的。同样活力最高的样本街段还是发展大道和中山大道之间。

非工作日下午街道活力较早上有明显的变化。建设大道以北的高活力街道数量明显减少，偶有的样本区域最北部的几条高活力街道在地铁站长港路附近。高活力街道大部分都集中在江汉路商圈和武广商圈附近，这与休息日人们习惯出行的轨迹相一致，休息日下午时间段，居民以休闲娱乐活动为主，并且人群活动相对集中且固定。

非工作日晚上街道活力较下午有明显的变化，街道活力的聚集度较下午有所降低。二环和三环之间高活力街道数量有所增加，但是高活力街道仍然集中在街道路网密度较大的老汉口街区。

3. 工作日与非工作日对比空间分布特征

将471条样本街段工作日和非工作日从早到晚的活力值进行平均计算，并用GIS进行可视化。总体来看工作日和非工作日的街道活力分布较为相似，大多数活力较高的街道都集中老江汉路商圈和武广商圈，建设大道以北的街道活力普遍较低。

通过仔细对比即可发现非工作日街道活力的聚集程度较工作日高，尤其在建设大道以北的街区，非工作日活力较高的街道数量明显较工作日少，发展大道以南的街区则无明显区别。此现象与人的行为活动有着密不可分的关系，在非工作日人们的活动大都集中在商业区较密集的街道，也就是发展大道以南，因此在周末人流都从江汉区北部集中到南部。

5.2.3 不同类型街道空间活力对比

街道在发展过程中为满足不同居民及来往人群的需求，街道的功能会有所侧重。每段街道因周边用地性质不同而形成各种功能类型的街道，进而影响人们在街道空间中日常活动模式规律。从街道周边用地性质差异化入手，有助于明确街道空间活力产生的来源和影响因素。因此本研究在整体街道空间活力评价基础上，对不同类型的街道活力进行对比分析（图5-11~图5-12）。

1. 街道类型划分

现状用地分类参考《城市用地分类与规划建设用地标准（GB50137—2011）》，将原始地块数据分为7类：R（居住用地）、A（公共管理与公共服务设施用地）、B（商业服务业设施用地）、S（道路与交通设施用地）、M（工业用地）、U（公用设施用地）、G（绿地与广场用地）、TESHU（其他用地）。具体方式计算街段缓冲区100m以内所含用地的类型和对应的面积，

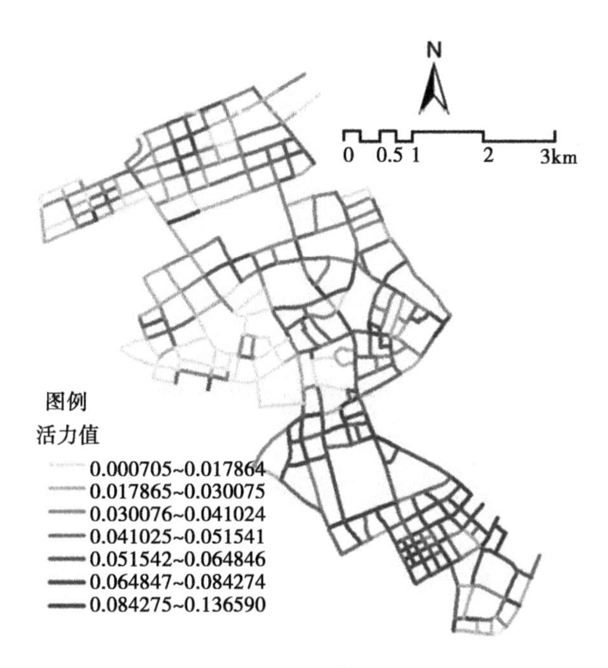

图 5-11　工作日街道活力空间特征

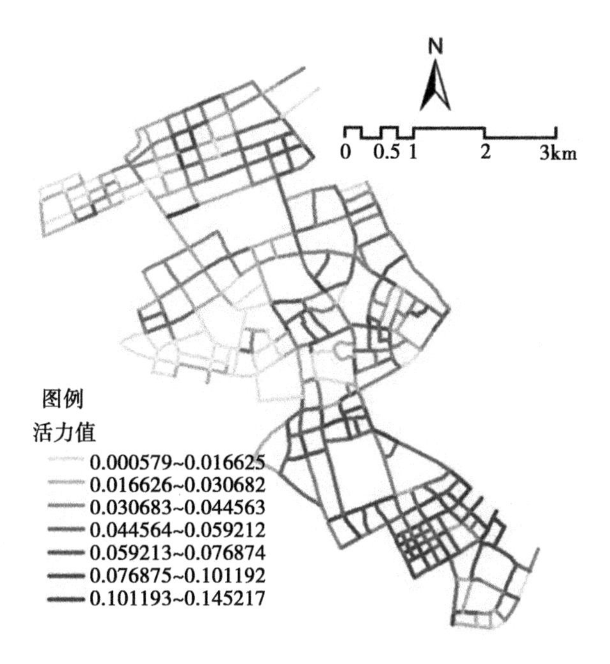

图 5-12　非工作日街道活力空间特征

若某一类型的用地面积占总面积的比重超过 50%，则将该用地类型赋给街段。如图 5-13~图 5-15 所示，*R*（居住用地）比重最高且超过 50%，则街段属性为居住型；若不同类型用地占比取值在 0~50% 之间，则该街道为混合型（Mixed）。

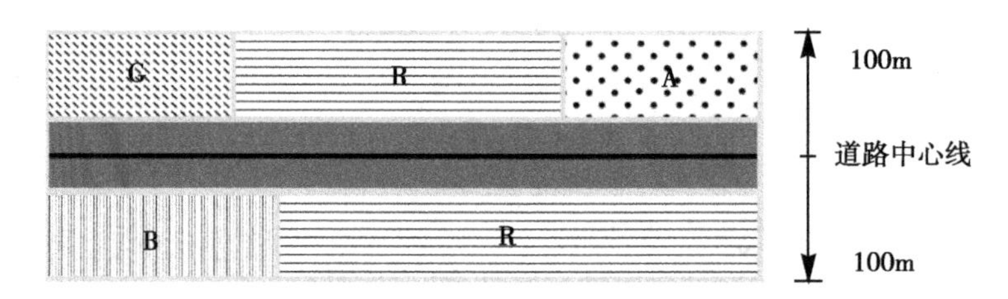

图 5-13　街道类型划分方法示意

（图片来源：作者自绘）

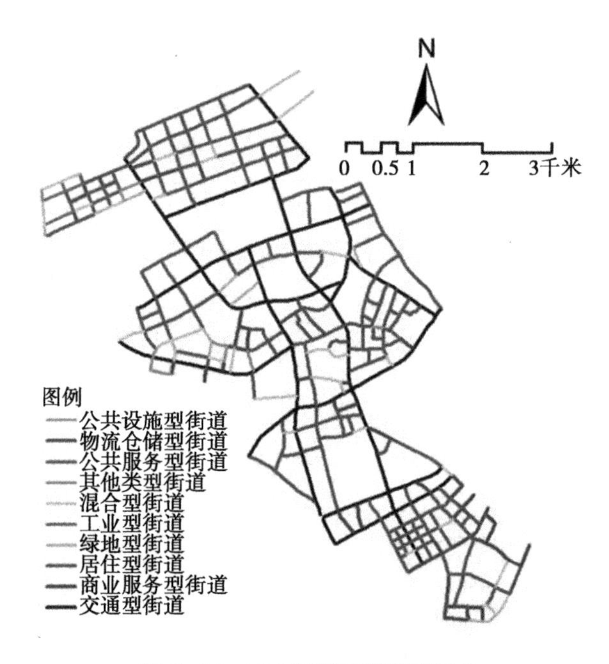

图 5-14　样本街段街道类型划分

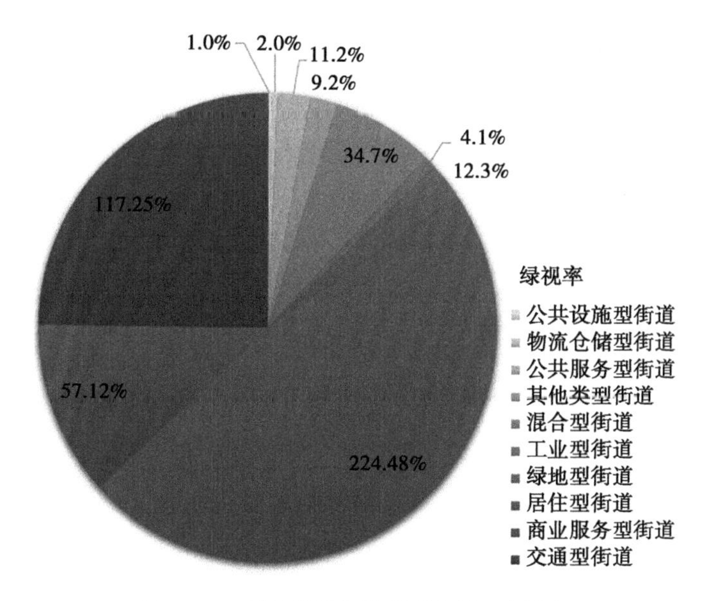

图 5-15　样本街段街道类型空间分布情况

本研究针对不同类型街道，主要分析了每种类型街道活力在工作日和非工作日的时间系列变化特征，并且对不同类型街道的活力时间序列特征进行了对比与分析。

2. 居住型街道活力变化特征

工作日的居住型街道活力在统计时间内没有明显的峰值，并且晚上的活力明显大于白天的活力。活力值从 9:00 开始下降，在 10:00 至 12:00 期间略有上升，然后开始下降一直到 14:00 活力值达到工作日最低，然后开始快速上升到 18:00，随后缓慢上升到 22:00，达到统计时间内街道活力的最高值。

非工作日的居住型街道活力白天和晚上差距较小，但是趋势有所不同。活力值从 9:00 开始缓慢上升，12:00 达到白天活力峰值，随后缓缓下降到 16:00，最后又开始上升一直到 18:00，然后活力值略微下降一直到 19:00，随后又开始攀升到 22:00，再次达到统计时间内街道活力的最高值。

总体来说，居住型街道非工作日的活力值大于工作日，尤其在 10:00 至 16:00 之间这一规律表现得十分显著，这与居住区人们的活动规律相符合，在工作日的这段时间内大多数居民都在公司工作，因此，居住型街道活力值较低。而到了 17：00 以后，居民从上班地点回到居住区，此时的居住型街道无论在工作日还是非工作日所承载的活动以及活动人口都比较类似，所以两条曲线接近重合，表明活力值相似（图 5–16）。

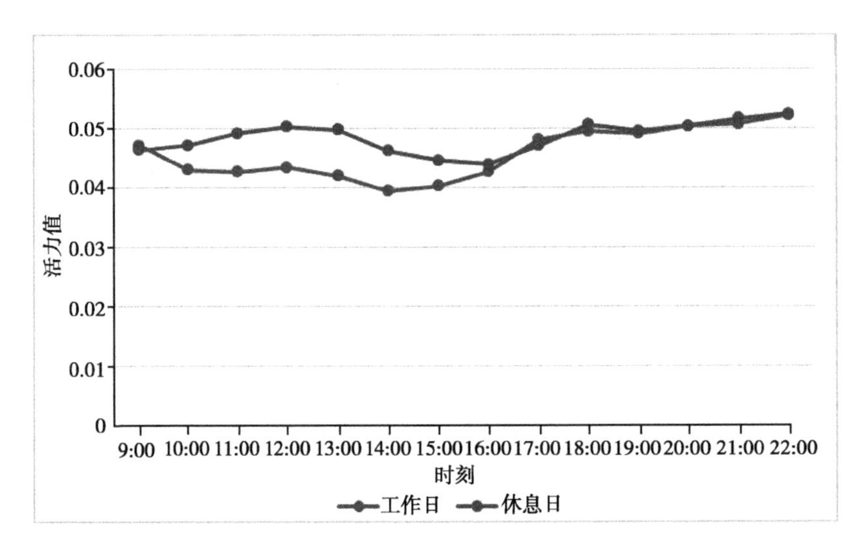

图 5–16　居住型街道工作日与非工作日活力趋势图

3. 交通型街道活力变化特征

工作日的交通型街道活力在统计时间内有一个峰值，并且白天的活力值略高于晚上活力值。活力值从 9：00 开始下降一直到 14：00，随后又开始逐渐上升一直到 18：00 达到峰值，之后活力值开始急速下降一直到 22：00，此时的活力值为统计时间内最低值。

非工作日交通型街道活力有两个峰值，白天活力值和晚上无明显差距。活力值从 9：00 开始攀升，一直到 12：00 活力值达到非工作日内的第一个高峰，随后开始缓慢下降一直到 15：00，之后开始缓慢上升到 18：00 达到非公日第二个峰值，然后活力值开始缓慢下降一直到 22：00（图 5–17）。

与上文所述居住型街道恰好相反，交通型街道的工作日活力值明显高于非工作日，在通勤时间段表现得尤为明显，这与交通型街道的功能密切相关，说明工作日交通型街道主要服务于通勤者，承担上班族通勤的首要任务。

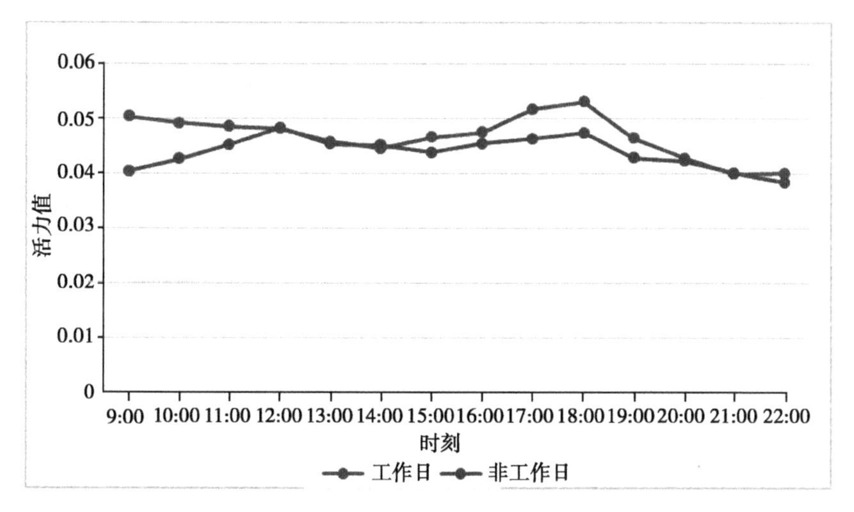

图 5–17　交通型街道工作日与非工作日活力趋势图

4. **商业型街道活力变化特征**

工作日的商业型街道活力在统计时间内有一个峰值，并且白天的活力值略高于晚上活力值。活力值从早上 9：00 开始上升一直到 11：00，随后又开始逐渐上升一直到 18：00 达到峰值，之后活力值开始急速下降一直到晚上 22：00，此时的活力值为统计时间内最低值。

非工作日交通型街道活力有两个峰值，白天活力值和晚上无明显差距。活力值从早上 9：00 开始攀升，一直到 12：00 活力值达到非工作日内的第一个高峰，随后开始缓慢下降一直到 14：00，之后开始缓慢上升到 17：00 达到非工作日第二个峰值，然后活力值开始缓慢下降一直到晚上 22：00（图 5–18）。

总的来说，在通勤时间段，商业型街道的工作日活力值略高于非工作日，这与部分上班族的活动规律相符合，在工作日的这段时间内，商业型街道活力值较高。而到了 12：00 以后，人流量增加，此时的商业型街道，无论在工作日还是非工作日所承载的活动以及活动人口都比较类似，所以两条曲线都接近重合，无明显差别，活力值相似。

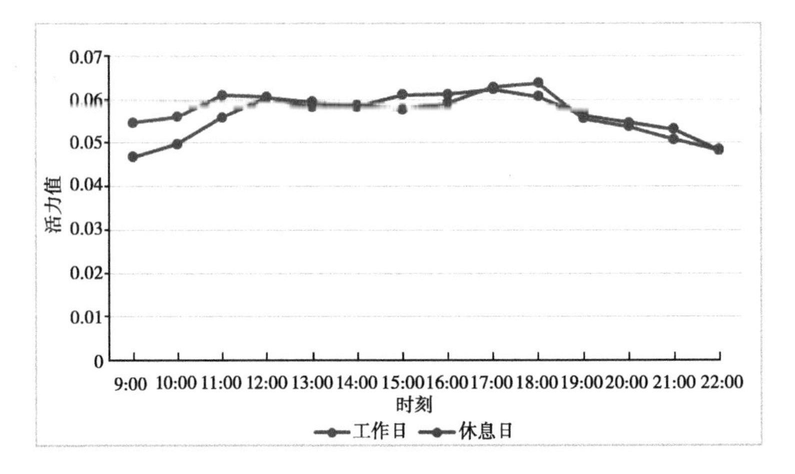

图 5-18　商业型街道工作日与非工作日活力趋势图

5. 工作日 3 种类型街道对比

从瞬时热力值的变化趋势来看（图 5-19），不同类型街道活力瞬时热力值随时间变化均有所波动。9：00 之前，商业型街道的活力呈逐步上升趋势，而其他两种类型街道呈逐渐下降趋势；9：00 至 18：00，3 种街道活力值的变化趋势较为相似，都呈现先下降后上升的趋势；18：00 后，除了居住型街道的活力值呈现出上升趋势，其他两种类型街道的活力值都逐步下降。从瞬时热力值的大小来看，商业型街道活力明显高于其他两种类型，交通型街道活力略高于居住型街道。

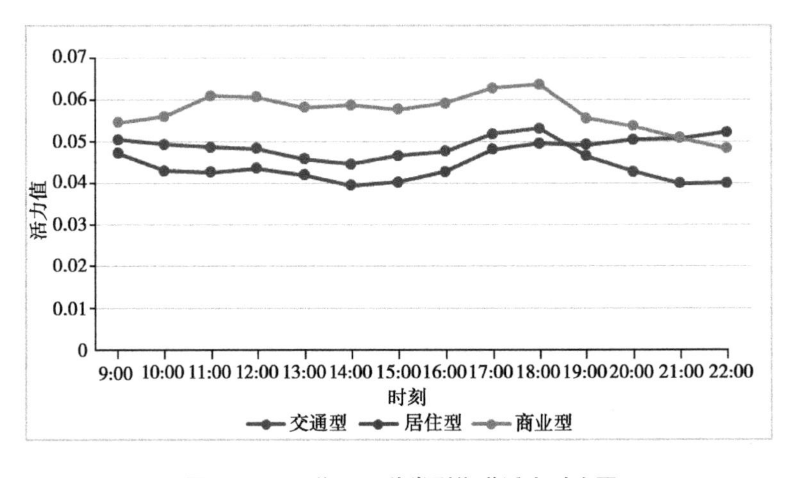

图 5-19　工作日 3 种类型街道活力对比图

6. 非工作日 3 种类型街道对比

从瞬时热力值的变化趋势来看，不同类型街道活力瞬时热力值随时间变化均有所波动。其中商业街道活力变化幅度最小，居住型与交通型的变化趋势相反。就不同类型街道瞬时活力变化趋势而言（图 5-20），非工作日的商业型街道活力值在 9：00 至 12：00 呈现明显的上升趋势，其他两种类型街道活力值皆呈现较缓的上升趋势，3 种街道都在 12：00 达到热力峰值。随后在 12：00 至 18：00 商业型街道活力无明显的上升或者下降的趋势，而交通型和居住型街道的活力值变化呈现先缓慢下降后逐步上升的趋势，18：00 以后商业型和交通型街道的活力值明显开始下降，而居住型街道活力却缓慢上升。就瞬时热力值大小来看，非工作日商业型街道活力明显也高于其他两种类型街道活力。

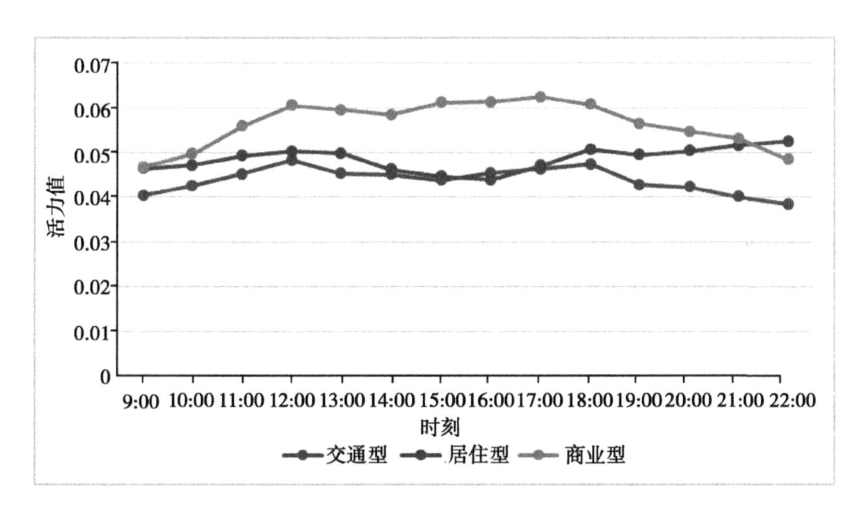

图 5-20　非工作日 3 种类型街道活力对比图

7. 小结

本节从街道活力外在表征和城市街道建成环境两个维度对江汉区街道空间活力进行量化评价，总结出以下几点主要结论。

（1）江汉区街道空间活力整体呈现高活力集中在南部中心城区的特征，工作日和非工作日街道活力空间分布有所差异，非工作日街道活力的聚集度较工作日高，更加集中在中心城区。

（2）非工作日街道空间活力变化幅度较小，工作日街道空间变化幅度相对较大，可能与工作日人们白天需要进行工作等必要性活动有关，而非工作日人群活动类型丰富，活动范围也比较自由，因此非工作日的整体街道活力也高于工作日。

（3）较高活力街道和高活力街道主要集中在商业圈、机关单位、医院、学校等日常通勤和娱乐场所，传统特色街坊也是人群集聚的场所。

（4）不同街道类型的活力值变化差距较大，商业型街道空间活力总体大于居住型和交通型街道。工作日交通型街道的活力值大于居住型，非工作日两者的活力值相差不多，但是变化趋势相反。

（5）总体来说，江汉区中心城区的街道区位性较好，活力值较高。轨道交通覆盖率较高。从功能性来看，江汉区街道功能密度高值区分布较为集中，而街道功能混合度分布较为分散。从街道等级和类型来看，次干路中商业型和混合型街道比重占比较大，相反等级较低的街巷中以居住型街道居多。从街道环境特征来看，江汉区内街道整体上绿化水平较高。

5.3 中观尺度下建成环境指标体系构建

根据第二章对现有理论和实证研究的归纳，本研究在中观尺度上的城市街道建成环境指标体系包括以下内容。

5.3.1 街道区位特征

街道区位反映街道受市级或区级中心、大型商业综合体的辐射作用。区位不同，相应的周边环境的用地性质、人口密度、公共设施等都不尽相同，表现出的吸引力强度也就不同。一般来说街道区位越好，即街道距离市中心或区级中心、大型商业综合体的距离越近，受到其辐射作用越强，吸引更多的人来到街道上活动，街道活力相应也更高。街道区位分别由借助 Arc GIS 近邻分析工具计算街道中心点到最近市级商业中心和最近的商业综合体的直线距离来测度。

5.3.2　街道功能性特征

街道功能性一方面体现在街道设施的密集程度，另一方面体现在街道功能的多样性。而 POI 作为一种数据量大、显示性强的地理空间数据，代表了街边两侧具体的建筑功能，因此 POI 的在一定程度上代表了街道的功能特征。本研究中用 POI 的功能密度和功能混合度表示街道的功能特征。

1. **功能密度**

街道功能密度反映了与城市活力相关的设施点分布的密集程度。计算公式如下：

$$\text{Density}=\text{POI\_Num}/\text{Length}$$

公式中，Density 表示街道的功能密度，POI_Num 指街道缓冲区范围内的 POI 总数，Length 表示街道的长度。

2. **功能混合度**

POI 的混合度反映街道周边设施的功能多样性，与街道活力密切相关。街道功能混合度（多样性）用信息熵来计算。计算公式如下：

$$\text{Diversity}=-\text{sum}\left(pi\times\ln pi\right),\ \left(i=1,\ \ldots,\ n\right)$$

公式中 Diversity 表示某街道的功能混合度，n 表示该街道 POI 的类别数，*pi* 表示某类 POI 占所在街道 POI 总数的比例，各类 POI 数量均进行过归一化处理，归一化的方法是该类 POI 在该街道的数量与该类 POI 在武汉市所有街道的数量的比例。另外，其他类 POI 不参与功能混合度的计算。

5.3.3　街道安全性特征

空间安全性设计指在空间特征中能直接反映街道安全程度的特征指标。本研究主要对机动车限制最高车速、非机动车通道安全级别 2 个特征因子进行梳理和量化，以反映自行车骑行活动在街道中的安全性。

1. **机动车辆限速等级**

城市街道的机动车限制最高车速根据《武汉市城市交通规划（2009—

2020)》对道路级别的要求以及城市道路技术指标确定（表 5-1），同时结合案例区域的实地调研对 471 个样本街段进行量化赋值。

表 5-1　武汉市不同城市道路级别机动车最高限速

类别	级别	设计限速	双向机动车车道（条）
快速路	Ⅰ	80，60	≥ 4
		60，50	≥ 4
主干路	Ⅱ	50，40	3-4
	Ⅲ	40，30	2-4
	Ⅰ	50，40	2-4
次干路	Ⅱ	40，30	2-4
	Ⅲ	30，20	2
	Ⅰ	40，30	2
支路	Ⅱ	30，20	2
	Ⅲ	20	2

2. 非机动车通道安全等级

非机动车通道安全等级能反映样本街段街道环境对非机动车以外的行人活动（骑行、步行等）安全性的影响程度。本研究通过对 471 条样本街段进行实地调研，结合相关文献中对自行车骑行通道的分类，对案例区域各街段的自行车骑行通道类别进行总结，进而对各样本街段的自行车骑行通道安全级别进行分级量化，具体如下表 5-2 所示。

表 5-2　各样本街段自行车骑行通道安全级别分级量化

有无明确的人行道	有无明确的自行车道	机动车道与非机动车道之间的隔离措施	安全级别
无	无	/	1
有	无	无隔离	2
无	有	无隔离	2
有	有	画线隔离	3
有	有	栏杆隔离	4
有	有	绿化隔离	5

5.3.4　街道可达性特征

街道的主要功能之一就是交通，这一功能使城市中的各个街道空间紧密连接起来，提高了空间的使用率。一般来说街道与周边空间的联系越强，人们到达街道的便利程度越高，街道使用频率越高，从而促进街道活力的产生。街道交通特征也决定了使用街道者之间的行为模式，从而间接影响街道活力。机动车的车速对单车的使用率有抑制作用。本研究选取距最近地铁站距离、公交站点密度和机动车最高限速标识街道交通特征。

1. 距最近地铁站距离

借助 ArcGIS 近邻分析工具计算街道中心点到最近地铁站的距离。街道中心点距离最近地铁站距离越近则该街道的可达性越高。

2. 公交站点密度

扬・盖尔认为高密度的路网、便捷的交通组织是活力形成的前提。公交站点密度由街道缓冲区范围内的公交站点数除以对应的街道长度求得。计算公式如下：

Density=Bus-stop_Num/Length

5.3.5　街道环境特征

街道的环境是街道空间设计至关重要的一部分，直接影响着街道上行人的感受。本研究选取绿视率和开阔度来衡量这一特征。上述指标可通过 Python 图像处理库 OpenCV 将街景图片转化成 HSV 格式获得所需数据。OpenCV 可通过特定色彩来识别物体，一张图片的颜色取决于其色相，而 HSV 模式可以很好地区分色相、饱和度、亮度，因此 OpenCV 能够较为精确地识别街道上的植被和天空的颜色。在识别颜色的基础上分别汇总每个街道点对应不同方位方向的要素构成，取其平均值，并链接到研究的街道上，从而获得每条街道对应的绿视率和开阔度两个指标的量化数值。

1. 绿视率

绿视率不同于绿化率，它指人们所能看到的街景中绿色所占的比，以人对环境的感知为衡量准则，更能体现公共空间的环境质量，更贴近人们的生活。日本学者青木阳二的相关研究表明环境中的绿色能够使人产生积极的心理影响，绿色在人的视野中所占的比重越高，人对周围的环境越能产生亲切感。本文借助街景图片中植被要素的占比来判断街道中绿化空间的占比。

2. 开阔度

开阔度可以用来衡量空间能够接收太阳辐射量大小的能力。街道开阔度主要指天空开阔度，是在观察点上所看到的天空面积所占的比例。从人的视觉和身体感受来看，开阔度与围合度相反。一般来说，围合度越高的街道则开阔度越低。如汽车通行为主的主干道，考虑到汽车通行的视野需要，与生活性街巷相比开阔度较高。本文借助街景图片中天空这一要素在所有要素中占比的情况来判断街道的开阔度。

5.3.6 街道物理特征

街道物理特征指的是街道自身的空间尺度特征，本研究中在中观尺度上选取的指标包括机动车道宽度和非机动车道铺装宽度。

1. 机动车道宽度

机动车道宽度指街道上所有机动车道宽度总和，包括中心线双黄线（或分隔带）宽度。本研究通过谷歌最新卫星图结合实际调研获得该数据。

2. 非机动车道铺装宽度

非机动车道铺装宽度，指通常情况下自行车和行人等非机动车活动行为可实际参与使用的街道范围，如前文所述，可以样本街段路面机动车道外侧边沿到建筑后退红线边的平均宽度之和作为非机动车道以外铺装宽度，本研究通对 471 条样本街段进行实际调研，以激光测距仪获得该数据。

5.4　城市街道建成环境特征指标的测度结果

5.4.1　街道区位特征测度结果

本研究将街道中心点到最近市级商业中心点和最近商业综合体的直线距离作为街道区位特征的测算方法，针对研究范围的江汉区，所选商业中心为江汉区最大的两个商业圈，即江汉路步行街商业中心和武广商业中心。江汉路步行街商业中心是武汉市著名的商业中心和旅游点，位于湖北省武汉市汉口中心地带，是武汉著名的百年商业老街，也是“武汉 20 世纪建筑博物馆”，其周边环境发展相对成熟，消费水平覆盖各个档次，可满足周边区域消费者的需求。武广商圈是武汉最早成形、最大、最繁华的商业区，主要针对中高端消费水平客户。所选的商业综合体则是江汉区内包含商业、办公、居住、旅店、展览、餐饮、会议、文娱等城市生活空间 3 项以上功能进行组合的大型综合体。此外，本研究根据武汉市江汉区商务局的目录，确定了江汉区以及其附近区域的 22 个商业综合体，作为分析测算的目的地。最终选择的市级商业中心点和商业综合体如图 5-21 所示。

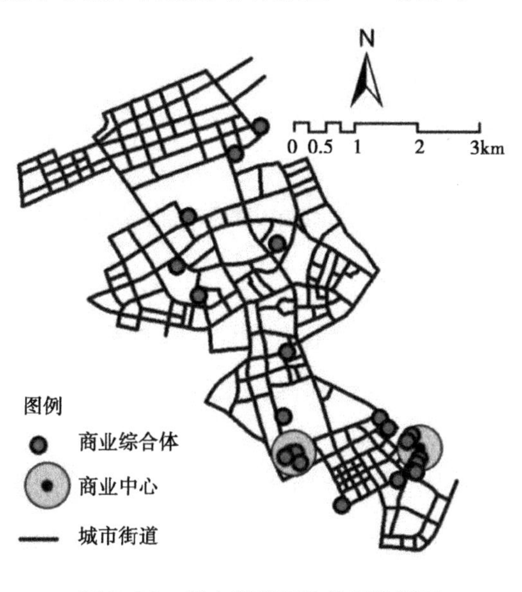

图 5-21　样本街段区位特征分析图

1. **距离商业中心距离分析**

运用 ArcGIS 邻域分析分别计算出每条街道距离两个商业中心的距离，再取其平均值得到最终计算结果（图 5-22）。因为两个商业中心都在市中心区域，所以距离商业中心较近的街道大部分都集中在市中心区域，而三环线附近的街道则距离商业中心较远。分析结果显示，各个等级的街道样本数量分布较为均衡，距商业中心不超过 1614.37m（最近）的街道数量为 109 条，占比约 23%，与距商业圈超过约 6153.53m（最远）的街道比例相同。如图 5-23 所示。

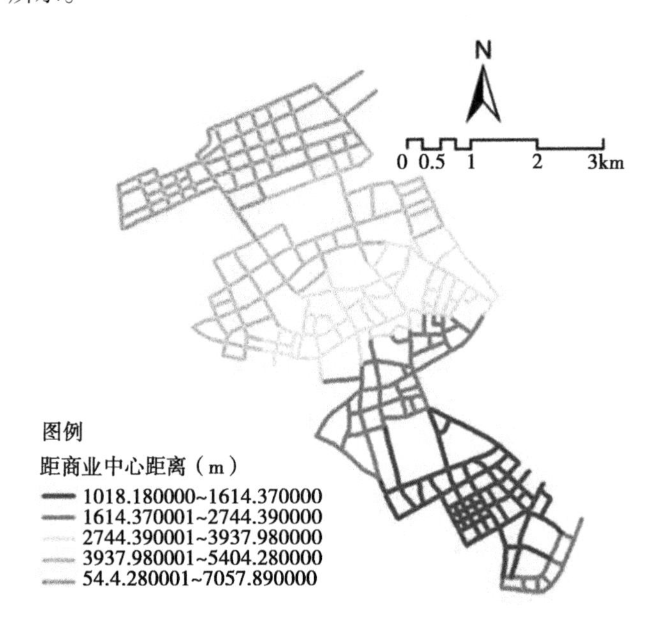

图 5-22 各等级街道距商业中心距离

2. **距离商业综合体距离**

运用 ArcGIS 计算每条街道的中点到其最近商业综合体的距离，再按照距离大小将量化结果分为 5 个等级，颜色由红逐渐变绿表示距离值由小到大。根据统计结果可知，距商业综合体距离在 0.39km 以内的街道数量为 115 条，距离为 0.40km~0.74km 的街道数量为 149 条，距离为 0.75km~1.1km 的街道数量为 111，共计 373 条，占比约 79%，由此可见样本内大部分街道对商业综合体的可达性较高。距离商业综合体距离超过 1.81km 的街道均集

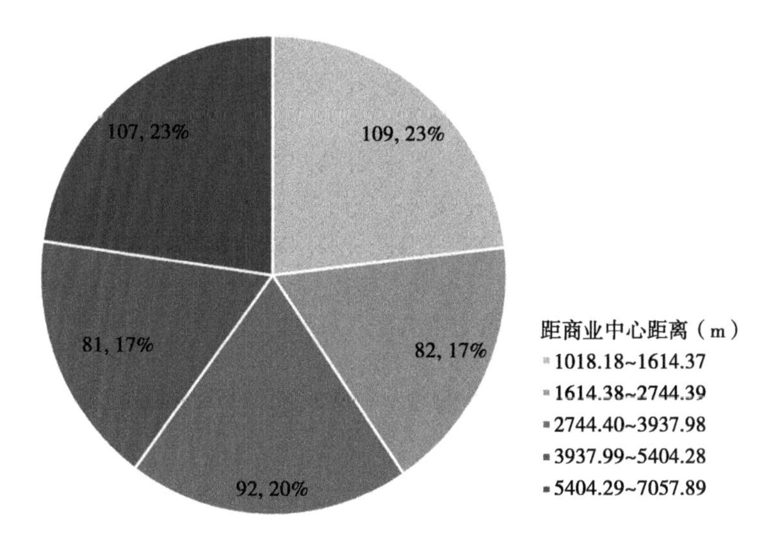

图 5-23　各等级街道样本数量分布占比

中在靠近三环线的西北片区，数量为 38 条，占比总体样本的 8%（图 5-24~图 5-25）。

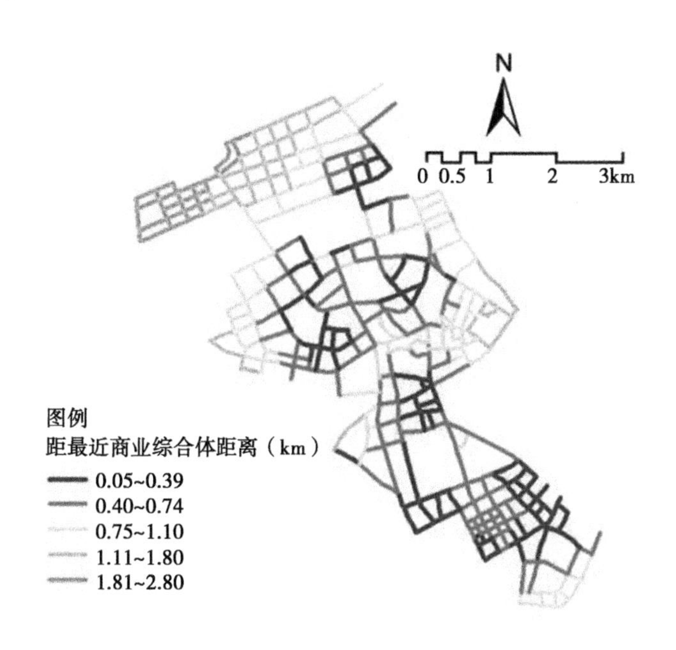

图 5-24　各等级街道距商业综合体距离

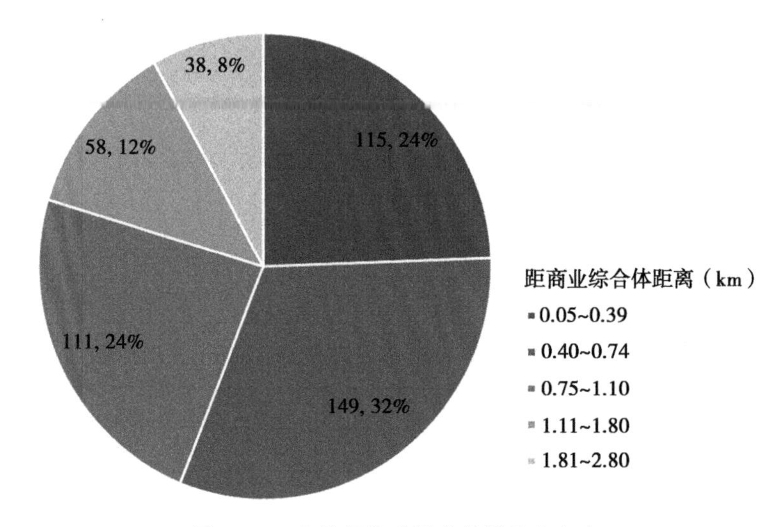

图 5-25　各等级街道样本数量分布占比

总体来说，由于商业综合体的分布较为均匀，除了三环线附近西北片区的街道，江汉区内大部分街道对于商业综合体的可达性较高。由于商业中心的分布集中在市中心，因此样本街道对商业中心的可达性由内环至外环逐渐减弱。

5.4.2　街道功能性特征测度结果

1. 功能（POI）密度

将街道功能密度值采用自然断点法分为 5 个等级，显示江汉区功能密度较小的街道主要分布在三环到一环之间，并且在样本中所占比例较大。功能密度较高的街巷以支路和街巷为主，且街道性质多为商业类和混合类。功能密度最高的街道集中在江汉区一环内，数量为 8 条，占总体街道样本数量的 2%。功能密度较高和功能密度处于中间值的街道均匀分布在江汉区，没有聚类分布，数量分别为 51 条和 125 条。功能密度最小的街道在总体样本数量中占比 33%（155 条），占比最大。江汉区功能密度高值区分布较为集中，功能密度相对较低的街道所占比例较大（图 5-26~ 图 5-29）。

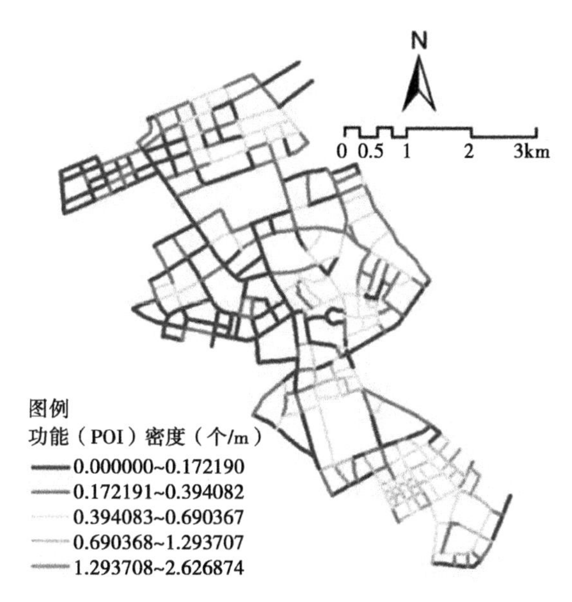

图 5–26　各等级街道功能密度特征可视化

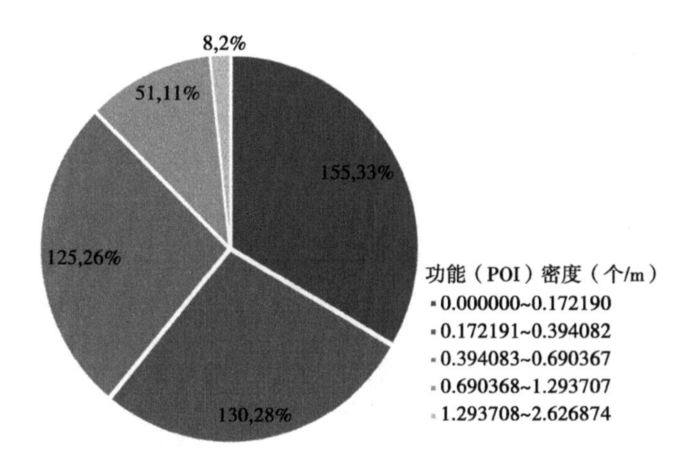

图 5–27　各等级街道功能密度分布占比

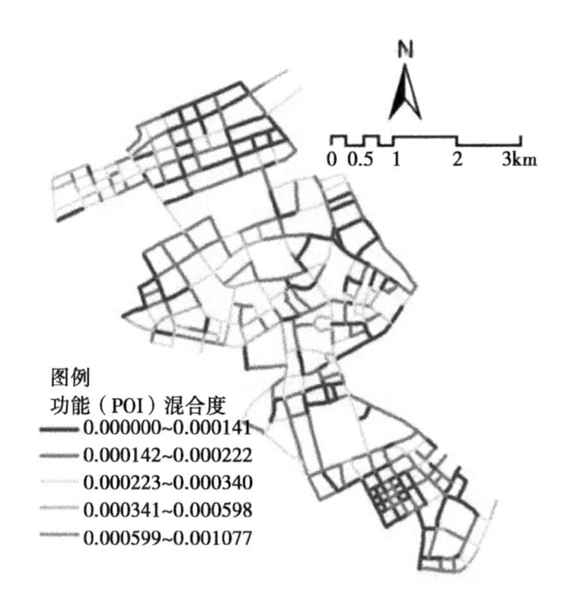

图 5-28　各等级街道功能混合度特征可视化

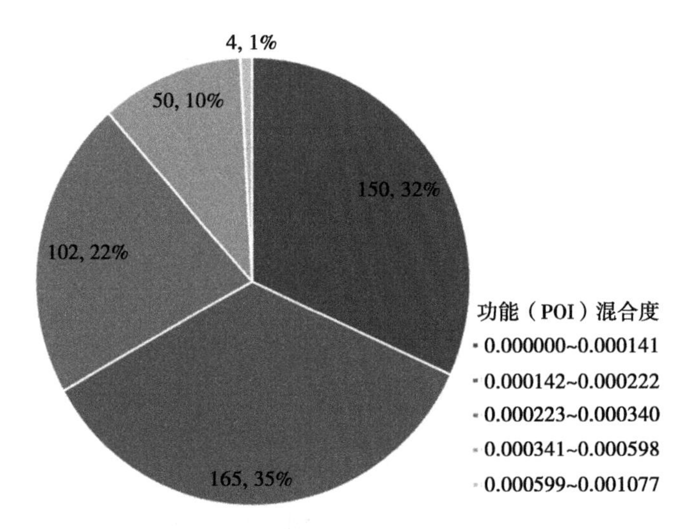

图 5-29　各等级街道功能混合度分布占比

2. 功能（POI）混合度

在空间分布上，街道功能混合度和功能密度在空间上分布差别较大，不同功能混合度的街道在江汉区分布较为分散，没有显著的聚集特征，并且大部分功能混合度低的街道功能密度却较高。如江汉区一环内江汉路商圈和武广商圈附近的街道，可能因为该区域的 POI 种类大部分都为商业种类。研究统计了功能混合度不同区间值街道数量，功能混合度最高的街道数量较少（4 条），占总样本数量的 1%，功能混合度值在中低值和低值水平的街道数量最多，分别为 165 条和 148 条，共占总体数量的 66%。

5.4.3　街道可达性特征测度结果

1. 公交站密度

研究提取街道 50m 缓冲区范围内公交站点，根据公交站点密度分布可知江汉区街道公交站密度无明显的空间分布特征。研究结果显示公交站密度值小于 0.017670 的街道数量占总体样本的一半，数量为 233 条。公交站密度值大于 0.100868 的样本街道只有 45 条。大部分街道公交站点密度量化结果值集中在低值区间（图 5-30~ 图 5-31）。

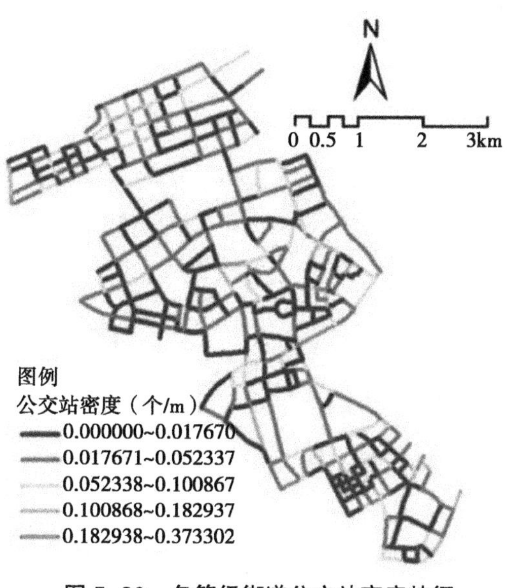

图 5-30　各等级街道公交站密度特征

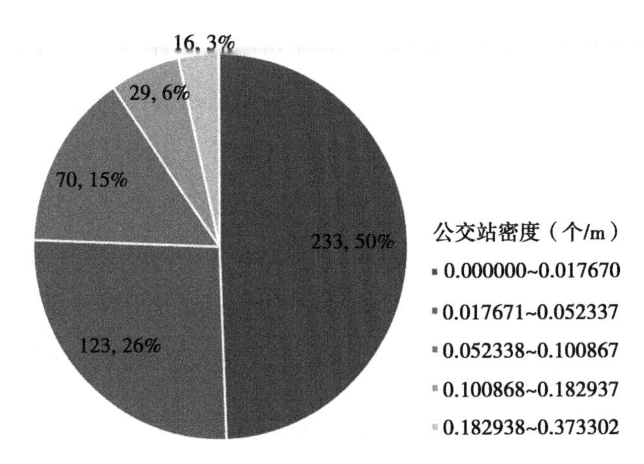

图 5-31　各等级街道公交站密度分布占比

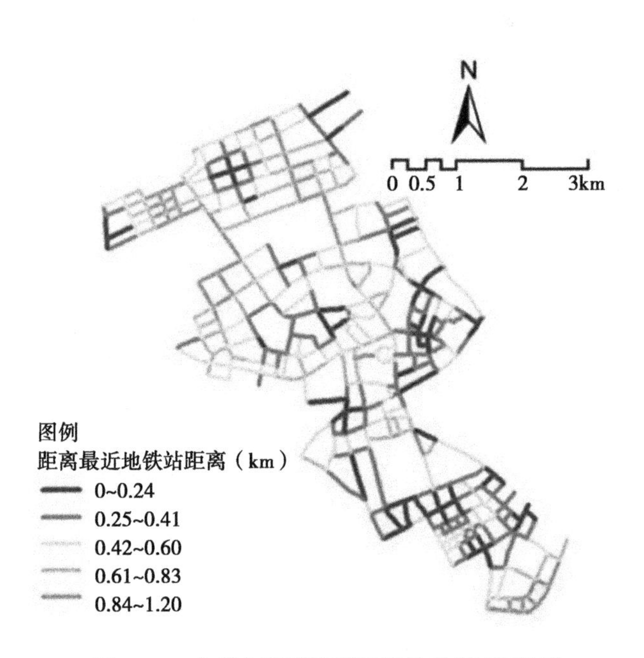

图 5-32　各等级街道距最近地铁站距离可视化

2. **距最近地铁站距离**

研究测算各个样本街道中心点距最近地铁站点的距离，如图5–32~图5–33所示。研究范围内的地铁站点较多，覆盖范围较广，大部分街道对于地铁站的可达性较高，与地铁的直线距离在1km以内。研究统计了不同可达性的街道数量。距地铁站0.24km的街道数量为73条，占比15%；街道中心点距离最近地铁站的距离值约在0.25km~0.41km和0.42km~0.60km两个区间以内的街道数量相近，分别为131和134，一共占总体样本街道数量的56%。距离值超过0.84km的街道只有5条，占比11%，主要分布在沿江大道附近和三环线附近。总体来说，研究区域内大部分街道对于地铁站的可达性较高。

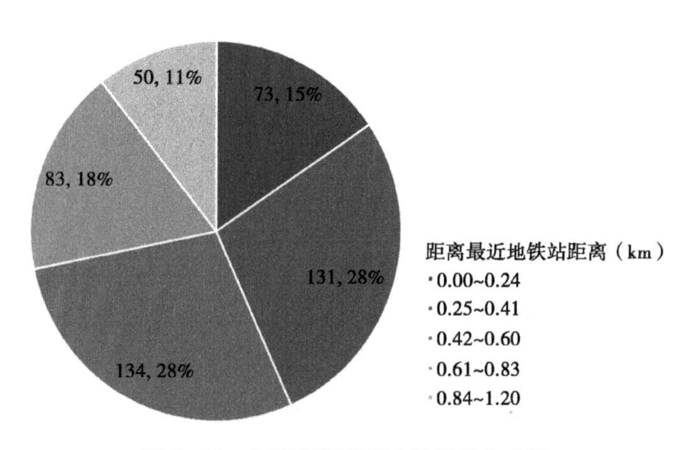

图5–33　各等级街道样本数量分布占比

5.4.4　街道安全性特征测度结果

研究根据道路层级以及道路限速标牌统计了样本街段的机动车限速值，并将结果采用ArcGIS Natural Break的方法量化结果分为5个等级可视化展示，结果如图5–34~图5–35所示。限制值较高的街道大多数为城市快速路和主干道，支路和街巷限速值较低。其中限速值在30km/h~50km/h的街道数量一共为351，占样本数量的75%。

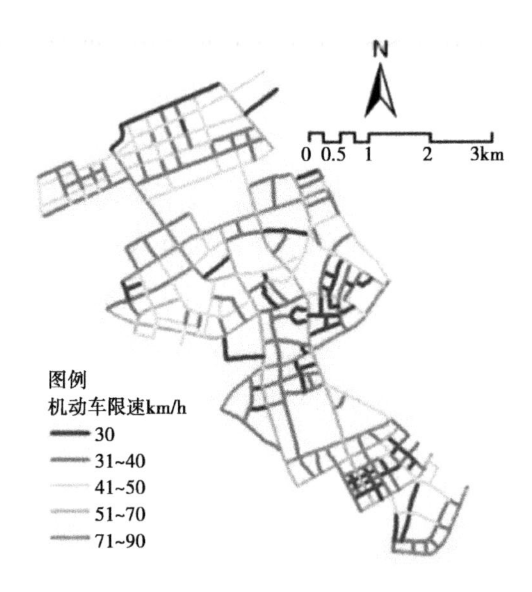

图 5-34　各等级街道机动车限速特征可视化

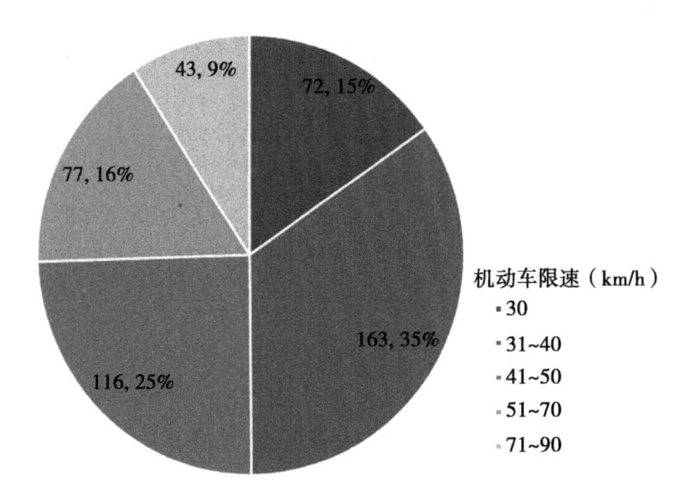

图 5-35　街道机动车限速样本数量分布

5.4.5　街道环境特征测度结果

1. 绿视率分析

研究区域街道绿视率分析结果如图 5-36~ 图 5-37 所示。绿视率高的街道呈组团式分布在江汉区内，主要几个片区集中在京汉大道附近、中山公园周边和三环线附近。从绿视率最高的几条街道所属的等级可以看出，次干路、支路的绿视率高于主干道和街巷，也进一步证明了城市支路和次干道的空间设计更注重街道两侧用于绿化的空间，而主干道则是以交通为主，也可能由于主干道较宽，所以绿视率较低。街巷空间比较狭窄，难以进行绿化设计，绿视率自然也比较低。绿视率较低的街道如、发展大道（二环线）、解放大道（内环线）、沿江大道、统一街和花楼街。

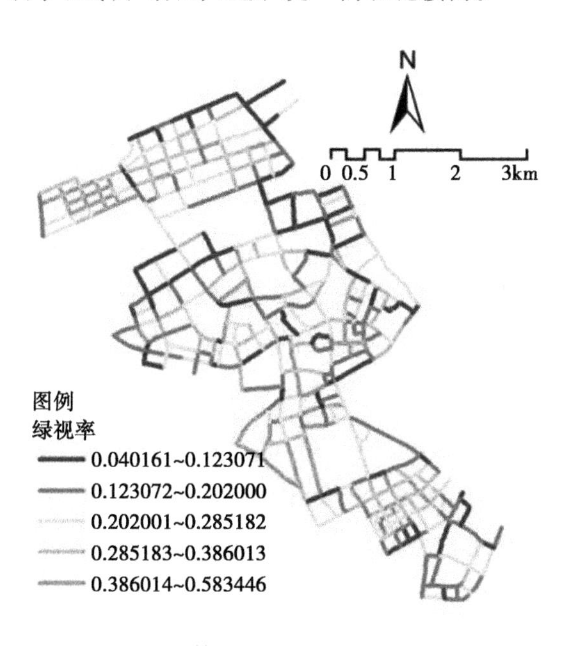

图 5-36　各等级街道绿视率特征可视化

据有关的研究表明，从人的感知情况来看，街道绿视率大于 0.15 时，自然的感觉更明显。反之，绿视率低于 0.15 时，会感觉到较明显的人工痕迹。研究统计结果显示，江汉区绿视率大于 0.202001 的街道数量为 288，

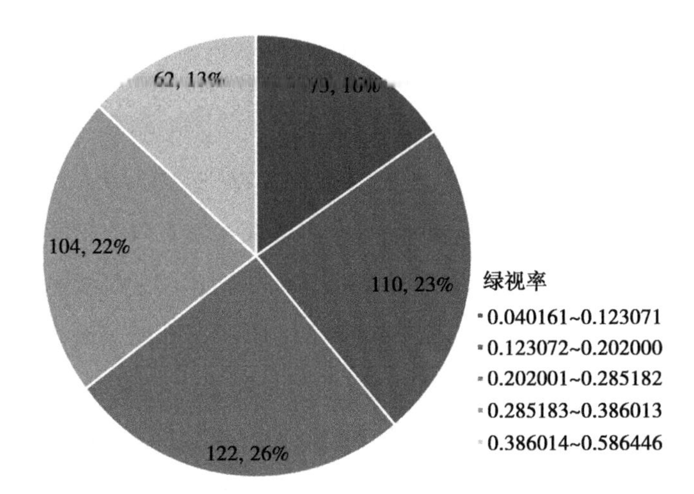

图 5–37　各等级街道绿视率样本数量分布

占总体样本的 61%，绿视率小于 0.123071 的街道数量有 73，占比 16%。说明研究样本中的街道整体上绿化水平较高，有较好的绿视率。

2. **开阔度分析**

研究同样按照 Natural Break 的方法将街道开阔度量化结果分为 5 级可视化显示，街道开阔度的空间分布情况较为分散。总体来看，城市主干道的开阔度较高，这和绿视率的分布结果恰好相反，街巷和城市支路的开阔度较低。研究统计了不同开阔度区间的街道样本数量，结果显示开阔度处于两个极端值区间的样本量较少，占总体样本的 29%。大部分街道（71%）的开阔度为中间 3 个区间值。整体来看，位于高区间值和低区间值的街道数量较少，大部分街道的开阔度水平属于中等值（图 5–38~ 图 5–39）。

5.4.6　街道物理特征测度结果

1. **机动车道宽度**

研究显示研究区域中，机动车道宽度值在 9m~12m 区间的街道数量最多（142 条），占比 30%，其次为机动车道宽度为 5m~8m 和 13m~12m 的街道，数

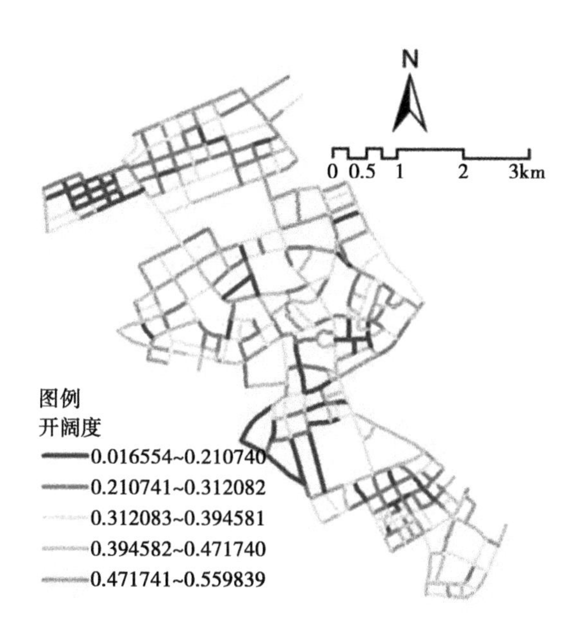

图 5-38　各等级街道开阔度特征可视化

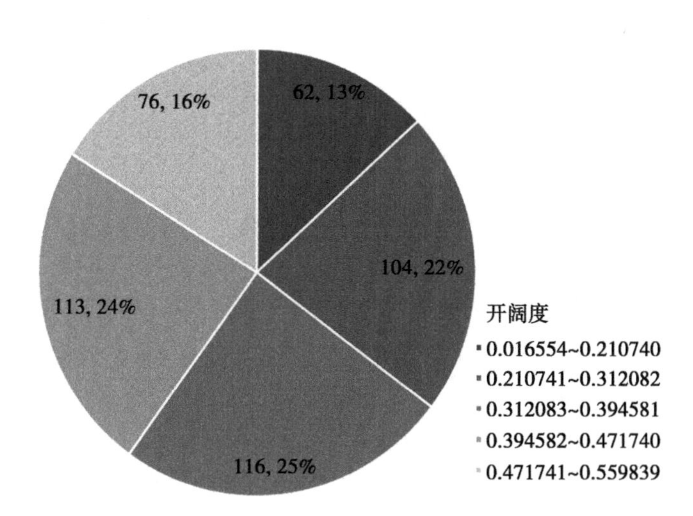

图 5-39　各等级街道开阔度样本数量分布

量分别为 108 和 117，共占比 48%。机动车道宽度区间值较高的两个部分占比较少。由此可见，江汉区街道样本内机动车道宽度整体处于中等偏低的范围（图 5-40~ 图 5-41）。

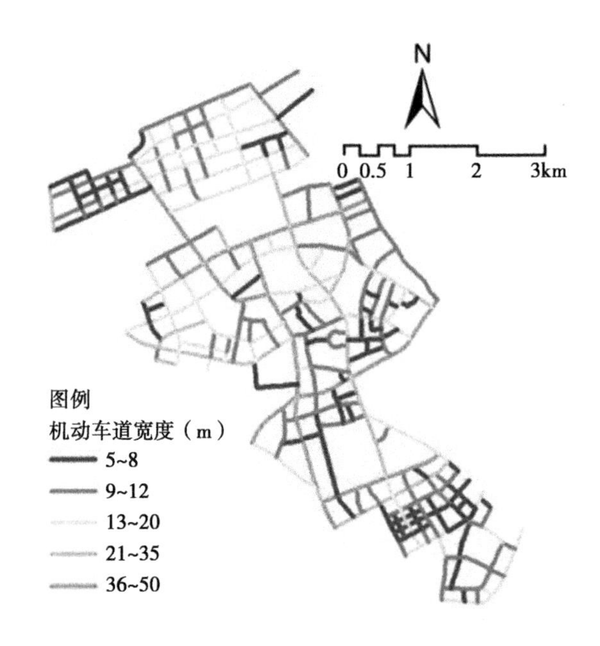

图 5-40　各等级街道机动车道宽度特征可视化

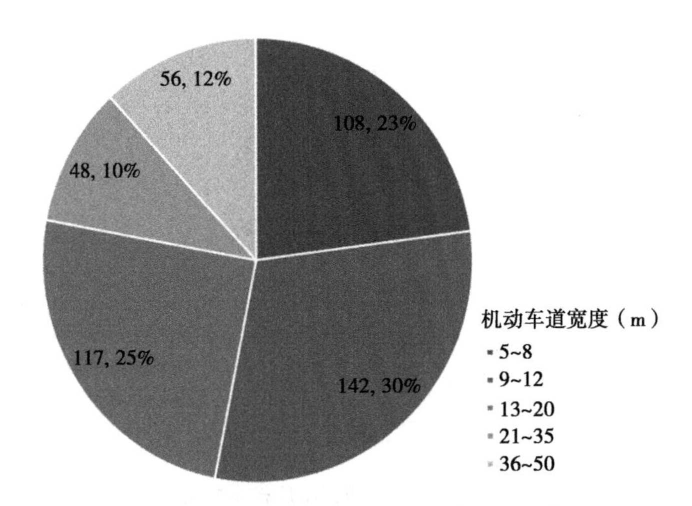

图 5-41　街道机动车道宽度样本数量分布

2. 非机动车道宽度

研究统计了非机动车道以外的人行道宽度，也就是行人和自行车可使用的宽度，将结果量化为 5 个等级可视化显示。如图 5-42~ 图 5-43 所示，大部分街道的非机动车道以外铺装宽度较为统一，分布较为均匀，极少数道路的非机动车道宽度值较大，这些街道都毗邻商场，商场的室外广场较为宽广，因此影响了样本的统计值。研究统计了不同开阔度区间的街道样本数量，非机动车道以外铺装宽度值介于 8m~13m 的街道数量为 191，占比最大（40%）。其次为宽度小于 7 米的，占比 33%，数量为 154。宽度大于 21m 的街道只有 29 条，占比较少。总体来说，位于两个低值区间的街道样本数量较多，高值区间的街道数量极少。

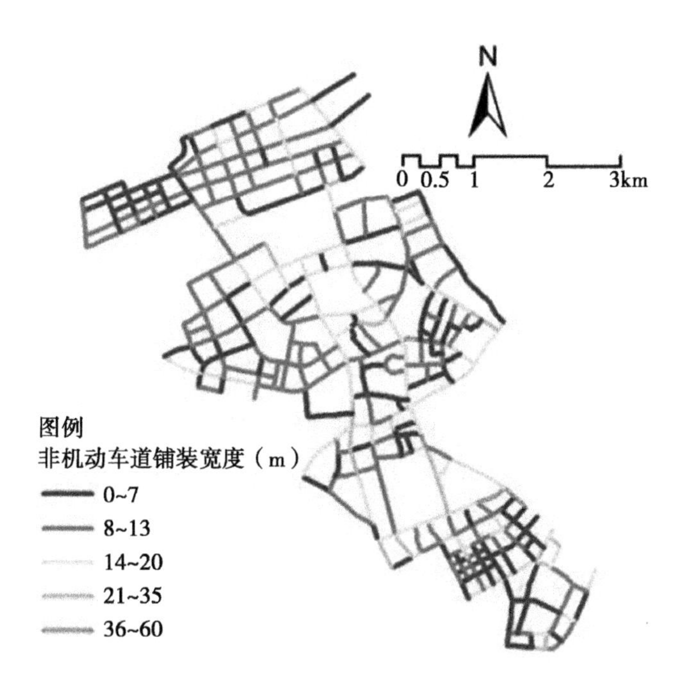

图 5-42　各等级街道非机动车道铺装宽度可视化

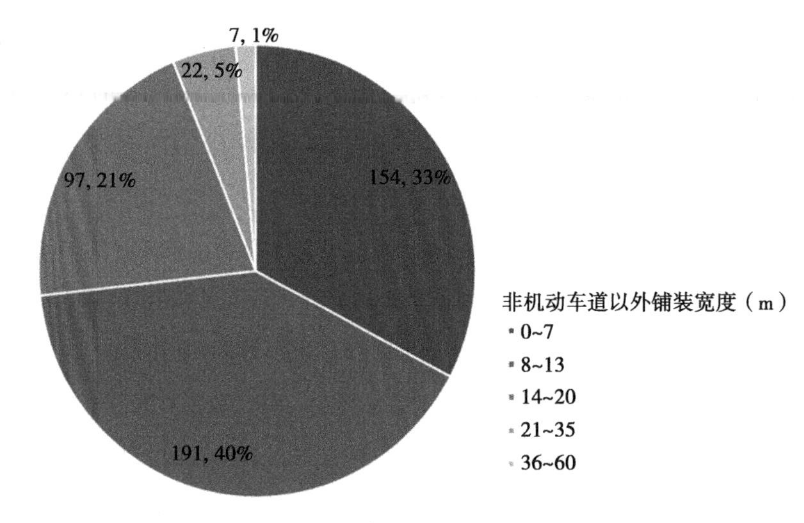

图 5-43　各等级街道样本数量分布

5.5　中观尺度城市活力影响机制分析

5.5.1　城市街道活力的空间自相关测度

有研究认为，人的时空行为分布在不同程度上存在着相互影响关系，考虑各样本街段共享单车使用活力在地理空间中可能存在相互影响，本研究对样本街段的共享单车活力自相关程度进行估计（Smith et al.，2007），以探明城市街道共享单车使用活力相互间是否存在空间依赖性，同时衡量研究数据是否具有空间统计价值。

1. 工作日城市街道活力空间自相关测度

对研究区域各街段工作日的城市街道活力进行空间自相关测度，结果显示非工作日的共享单车使用活力的 Moran' I 指数为 0.503271，P 值为 0.00000，Z 值为 24.458800，说明案例区域内各街段非工作日的共享单车使用活力之间具有正相关影响，共享单车使用活力在街段空间中呈现出较显著的聚类模式，且随机产生此模式的可能性小于 1%，如图 5-44 所示。

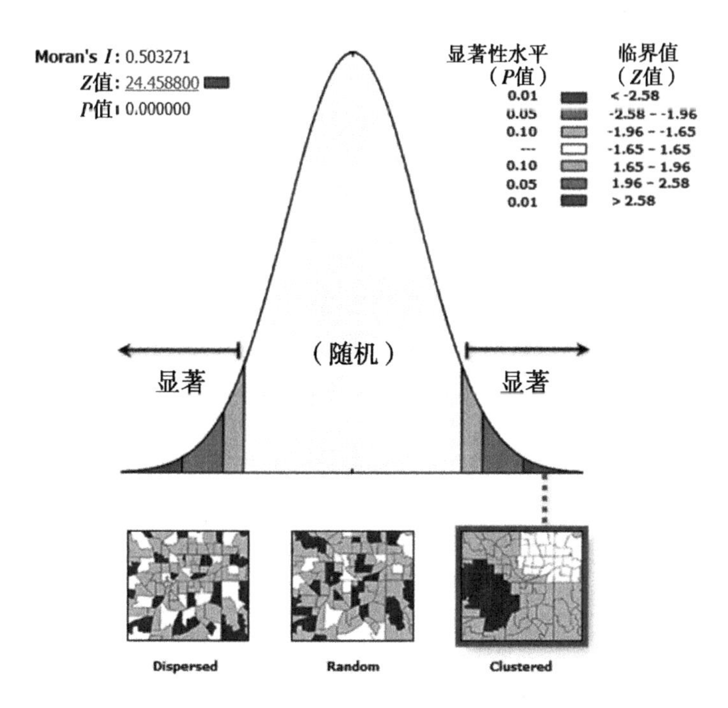

图 5-44　工作日样本街段共享单车总体使用活力空间自相关测度分析

2. **非工作日城市街道活力空间自相关测度**

对研究区域各街段非工作日的城市街道活力进行空间自相关测度，结果显示非工作日的共享单车使用活力的 Moran' *I* 指数为 0.71244，*P* 值为 0.00000，说明案例区域内各街段非工作日的活力之间具有正相关影响，街道活力在街段空间中呈现出极为显著的聚类模式，且随机产生此模式的可能性小于 1%，如图 5-45 所示。

总结上述对于城市街道活力在研究区域各样本街段中的空间自相关测度，各类观测变量在各个街段空间中均呈现出聚类模式，且随机产生次聚类模式的可能性均小于 1%，表明各个样本城市街道的活力具有空间自相关性。其中，各街段非工作日城市街道活力之间的正相关性较工作日城市街道活力之间的正相关性更强，说明非工作日各个街道的活力对其周边的接到活力影响较工作日强。

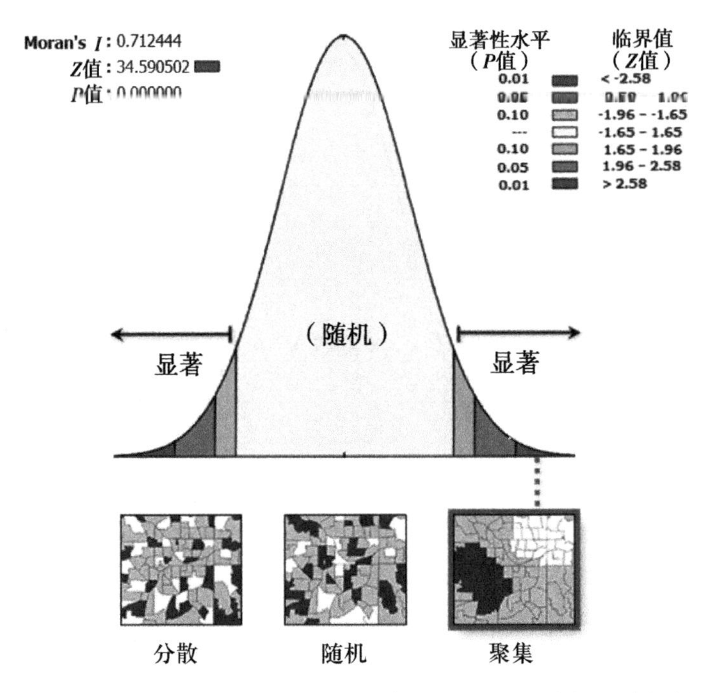

图 5-45　非工作日样本街段共享单车总体使用活力空间自相关测度分析

5.5.2　中观尺度城市活力影响因素解析

1. 工作日城市街道活力和城市建成环境的相关性分析

本研究应用逐步线性回归（Step Wise Linear Regression，SWLR）分析，模型最终调整 R^2 为 0.550。工作日城市街道活力和城市建成环境的相关性 SWLR 模型摘要，如表 5-3 所示。

表 5-3　工作日城市街道活力和城市建成环境的相关性 SWLR 模型摘要

模型	R	R^2	调整后 R^2	标准估算的误差
1	0.630	0.397	0.396	0.0176621086
2	0.691	0.477	0.475	0.0164730132
3	0.720	0.519	0.516	0.0158172970
4	0.737	0.544	0.540	0.0154136917
5	0.742	0.550	0.545	0.0153208156
6	0.745	0.555	0.550	0.0152508782

模型 6 剔除了显著性较低的变量后，其他变量的相关性结果如表 5-4~ 表 5-5 所示。（P 代表显著性，$P<0.05$ 相关性较强，$P<0.01$ 相关性强，$P<0.001$ 相关性极强）

表 5-4　模型 6 显著性较低的变量

模型		相关性分析				共线性统计		
		输入 Beta	*t*	显著性	偏相关	容差	VIF	最小容差
6	X2 距最近商场距离	0.083	1.869	0.062	0.087	0.482	2.077	0.457
	X3 功能混合度	−0.018	−0.539	0.590	−0.025	0.849	1.179	0.601
	X6 限速等级	−0.096	−1.574	0.116	−0.073	0.259	3.856	0.259
	X7 距最近地铁站距离	−0.061	−1.700	0.090	−0.079	0.747	1.339	0.674
	X9 绿视率	0.018	0.528	0.598	0.025	0.795	1.257	0.673

表 5-5　模型 6 工作日城市街道活力和城市建成环境的相关性分析

模型		未标准化系数		标准化系数	*t*	显著性	共线性统计	
		B	标准误差	Beta			容差	VIF
6	（常量）	0.043	0.007		6.546	0.000		
	X4 功能密度	0.038	0.003	0.557	14.794	0.000	0.676	1.479
	X10 非机动车道以外铺装宽度	0.001	0.000	0.180	5.049	0.000	0.758	1.319
	X5 公交站密度	0.090	0.014	0.212	6.576	0.000	0.921	1.086
	X1 距商业中心距离	−2.161E−6	0.000	−0.181	−5.052	0.000	0.749	1.335
	X8 开阔度	−0.044	0.016	−0.089	−2.841	0.005	0.972	1.029
	X11 机动车道宽度	0.000	0.000	0.085	2.295	0.022	0.706	1.416

根据以上的研究结果，街道的区位特征、功能特征、交通特征、环境特征和物理特征均对工作日的街道活力有一定程度的影响。其中街道的功

能密度、非机动车道以外铺装宽度、公交站点密度和距商业中心距离的 P 值皆小于 0.001，表明其和工作日街道活力的相关性极强。其中 X4、X10、X5 和街道活力呈正相关关系，X1 和街道活力呈负相关关系。开阔度的显著性系数为 0.005，表明其对街道活力也有明显的影响，并且为负相关关系。机动车道宽度的显著性系数小于 0.05，表明其和街道活力也具有较强的相关性。

综上所述，高可达性为街道人群参与街道活动提供便捷性。其次是距最近商业中心的距离、街道功能密度、宽阔的行人可使用铺装的街道对街道空间活力同样具有一定的吸引和容纳能力。开阔度较低和一定紧凑布局的设施对街道空间活力的水平有着正面的提升作用。

2. 非工作日城市街道活力和城市建成环境的相关性分析

从模型摘要中可以看出，一共 5 个模型最终调整 R^2 为 0.664，表示自变量一共可以解释因变量 66.4% 的变化。其中，最优模型的标准误差为 0.148314914，误差也相对较小。

模型 5 剔除了 X2、X6、X7、X8、X9、X11 等显著性较低的变量后，其他变量的相关性结果如表 5–6~ 表 5–7 所示。余下的变量都具一定程度的相关性。（P 代表显著性，$P<0.05$ 相关性较强、$P<0.01$ 相关性强、$P<0.001$ 相关性极强）

表 5–6　非工作日城市街道活力和城市建成环境的相关性 SWLR 模型摘要

模型	R	R^2	调整后 R^2	标准估算的误差
1	0.738	0.545	0.544	0.0172700240
2	0.781	0.610	0.608	0.0160124872
3	0.798	0.637	0.635	0.0154547209
4	0.808	0.654	0.651	0.0151164379
5	0.817	0.667	0.664	0.0148314914

表 5–7　模型 5 显著性较低的变量

模型		相关性分析				共线性统计		
		输入 Beta	*t*	显著性	偏相关	容差	VIF	最小容差
5	X2 距最近商场距离	–0.066	–1.760	0.079	–0.082	0.513	1.948	0.460
	X6 限速等级	–0.033	–1.036	0.301	–0.048	0.714	1.401	0.621
	X7 距最近地铁站距离	–0.050	–1.617	0.107	–0.075	0.749	1.335	0.667
	X8 开阔度	–0.032	–1.195	0.233	–0.055	0.985	1.015	0.666
	X9 绿视率	–0.027	–1.001	0.318	–0.046	0.956	1.046	0.667
	X11 机动车道宽度	–0.005	–.156	0.876	–0.007	0.716	1.397	0.604

非工作日街道活力的影响因素与工作日的大体一致，影响工作日街道活力的机动车道宽度和开阔度两个变量在此被剔除，同时新加入了功能混合度。如表 5–8 所示，功能密度、公交站密度、距商业中心距离、功能混合度和非机动车道以外铺装宽度等变量的显著性皆小于 0.001，表明其对非工作日街道活力有强烈的影响，其中 X4、X5、X10 与街道活力正相关，X1、X3 与街道活力负相关。

表 5–8　模型 5 非工作日城市街道活力和城市建成环境的相关性分析

模型		未标准化系数		标准化系数	*t*	显著性	共线性统计	
		B	标准误差	Beta			容差	VIF
5	（常量）	0.033	0.003		11.112	0.000		
	X4 功能密度	0.045	0.002	0.590	17.980	0.000	0.667	1.500
	X5 公交站密度	0.105	0.013	0.222	7.993	0.000	0.932	1.073
	X1 距商业中心距离	–2.395E–6	0.000	–0.178	–5.765	0.000	0.751	1.331
	X3 功能混合度	–27.775	6.253	–0.129	–4.442	0.000	0.849	1.178
	X10 非机动车道以外铺装宽度	0.000	0.000	0.122	4.363	0.000	0.915	1.093

综上所述，具有高可达性、高功能密度和宽阔的行人可使用铺装的街道对街道空间活力同样具有一定的吸引和容纳能力，而街道两侧用地功能的多样性会对非工作日街道活力产生抑制作用。

3. 不同类型街道活力相关性分析

研究基于上文所划分的 10 种街道类型，选择样本量较多的居住型、交通型、商业服务型和混合型街道等 4 种类型分析不同类型街道空间活力的外在表征和城市街道建成环境的相关性，总结不同类型街道空间活力影响因素和其影响程度。部分要素未能通过显著性检验（显著性高于 0.05 水平）。不同类型街道相关性分析结果如表 5-9 所示。

表 5-9　居住型街道活力和城市建成环境的相关性分析

模型		相关性分析				共线性统计		
		输入Beta	t	显著性	偏相关	容差	VIF	最小容差
5	X1 距商业中心距离	−0.033[f]	−0.573	0.567	−0.039	0.587	1.702	0.587
	X2 距最近商场距离	−0.037[f]	−0.736	0.462	−0.050	0.779	1.284	0.763
	X3 功能混合度	0.007[f]	0.139	0.890	0.009	0.824	1.213	0.761
	X6 限速等级	0.013[f]	0.216	0.829	0.015	0.515	1.942	0.483
	X7 距最近地铁站距离	−0.033[f]	−0.689	0.492	−0.047	0.838	1.194	0.743
	X9 绿视率	−0.032[f]	−0.637	0.525	−0.043	0.775	1.290	0.765

模型		未标准化系数		标准化系数	t	显著性	共线性统计	
		B	标准误差	Beta			容差	VIF
5	（常量）	0.040	0.008		5.303	0.000		
	X4 功能密度	0.052	0.003	0.691	15.213	0.000	0.929	1.077
	X5 公交站密度	0.098	0.019	0.240	5.300	0.000	0.932	1.073
	X8 开阔度	−0.040	0.018	−0.098	−2.206	0.029	0.980	1.020
	X11 机动车道宽度	−0.001	0.000	−0.155	−3.090	0.002	0.766	1.306
	X10 非机动车道以外铺装宽度	0.000	0.000	0.118	2.484	0.014	0.842	1.187

（1）居住型街道

通过对居住型街道进行多元线性回归分析后排除的不显著变量，商业中心这一变量首次被排除，因此商业中心对居住型街道活力的影响微乎其微。

居住型街道受功能密度和公交站密度的影响最为明显，显著性值小于 0.001。其中功能密度对街道活力的影响更为显著，标准化系数达到 0.691。其次，机动车道宽度与街道活力的相关性也较大，显著性值为 0.002。除了受以上 3 要素的共同影响，居住型街道活力还受其开阔度和非机动车道以外铺装宽度的影响，表现为较强相关。这 5 种要素中开阔度和机动车道宽度与居住型街道活力呈负相关关系。

综上所述，区位特征对居住型街道无明显影响作用，而高功能密度和高公交站密度的居住型街道对街道活力有明显提升作用，适当降低开阔度和增加非机动车道以外铺装宽度也可提升街道活力，而机动车道宽度的增加对其有明显的抑制作用。

（2）交通型街道

通过对交通型街道进行多元线性回归分析后排除的不显著变量如表 5-10 所示，开阔度和绿视率都被排除在外，因此街道环境特征对交通型街道的活力影响作用有限。而街道其他特征皆对街道活力有一定程度的影响。

表 5-10　交通型街道活力和城市建成环境的相关性分析

模型		共线性统计						
		输入 Beta	t	显著性	偏相关	容差	VIF	最小容差
5	X2 距最近商场距离	−0.050[f]	−0.768	0.444	−0.073	0.825	1.213	0.751
	X3 功能混合度	0.087[f]	1.394	0.166	0.132	0.909	1.101	0.823
	X6 限速等级	0.031[f]	0.260	0.795	0.025	0.257	3.894	0.245
	X7 距最近地铁站距离	−0.010[f]	−0.127	0.899	0.012	0.532	1.879	0.532
	X8 开阔度	0.082[f]	1.349	0.180	0.128	0.959	1.043	0.828
	X9 绿视率	−0.046[f]	0.682	0.497	−0.065	0.793	1.262	0.690

续表

模型		未标准化系数		标准化系数	t	显著性	共线性统计	
		B	标准误差	Beta			容差	VIF
5	（常量）	0.017	0.007		2.656	0.009		
	X4 功能密度	0.057	0.006	0.600	9.586	0.000	0.904	1.106
	X5 公交站密度	0.119	0.023	0.325	5.226	0.000	0.919	1.089
	X1 距商业中心距离	−3.045E−6	0.000	−0.227	−3.497	0.001	0.842	1.187
	X11 机动车道宽度	0.000	0.000	0.174	2.793	0.006	0.916	1.092
	X10 非机动车以外铺装宽度	0.000	0.000	0.130	2.143	0.034	0.961	1.041

同样交通型街道受功能密度和公交站密度的影响最为明显，显著性值都小于 0.001，其次为距商业中心距离和机动车道宽度。非机动车道以外铺装宽度对交通型街道的影响力则次之，以上要素只有距商业中心距离与交通型街道的活力呈负相关关系。

综上所述，距商业中心距离、公交站密度以及功能密度都对交通型街道的活力有显著影响，其中据商业中心距离的增大对交通型街道活力有抑制作用。交通型街道自身宽度的增加则对其活力有正面的提升作用。

（3）商业服务型街道

同样的通过对商业服务型街道进行多元线性回归分析后排除的不显著变量如表 5-11 所示，此次街道自身特征的两个指标都被排除在外。

同样的功能密度、距离商业中心距离和公交站密度 3 个变量都对商业型街道有显著的影响，其中功能密度的影响最为显著。开阔度对其活力的影响也较为明显，功能混合度则次之。以上变量中距商业中心距离、开阔度和功能混合度对街道活力的影响则为抑制作用。

因此，商业型街道的活力值与商业功能密度最为显著，而其他非商业用地类型的介入则会降低商业型街道的活力。距商业中心距离较远和开阔度较高的商业型街道同样会降低其活力值。

表 5-11　商业服务型街道活力和城市建成环境的相关性分析

模型		相关性分析				共线性统计		
		输入 Beta	*t*	显著性	偏相关	容差	VIF	最小容差
5	X2 距最近商场距离	0.030[f]	0.241	0.810	0.034	0.298	3.356	0.224
	X6 限速等级	−0.106[f]	−1.235	0.222	−0.172	0.591	1.693	0.464
	X7 距最近地铁站距离	−0.106[f]	−1.282	0.206	−0.178	0.630	1.586	0.440
	X9 绿视率	0.014[f]	0.140	0.889	0.020	0.443	2.258	0.335
	X10 非机动车道以外铺装宽度	0.094[f]	1.255	0.215	0.175	0.780	1.282	0.459
	X11 机动车道宽度	−0.043[f]	−0.555	0.582	−0.078	0.739	1.354	0.464

模型		未标准化系数		标准化系数	*t*	显著性	共线性统计	
		B	标准误差	Beta			容差	VIF
5	（常量）	0.131	0.027		4.906	0.000		
	X4 功能密度	0.024	0.005	0.445	5.006	0.000	0.557	1.797
	X1 距商业中心距离	−6.881E−6	0.000	−0.416	−4.289	0.000	0.469	2.133
	X5 公交站密度	0.143	0.037	0.275	3.855	0.000	0.866	1.154
	X8 开阔度	−0.161	0.059	−0.235	−2.737	0.009	0.597	1.675
	X3 功能混合度	−53.562	26.234	−0.167	−2.042	0.046	0.656	1.524

5.5.3　分析结果汇总与解读

将以上研究结果汇总如表 5-12 所示。

表 5-12　城市街道活力和城市建成环境的相关性分析汇总

	居住型街道活力	交通型街道活力	商业服务型街道活力	工作日城市街道活力	非工作日城市街道活力
距商业中心距离	/	中度负相关	高度负相关	高度负相关	高度负相关
距最近商场距离	/	/	/	/	/
功能混合度	/	/	低度负相关	/	高度负相关
功能密度	高度正相关	高度正相关	高度正相关	高度正相关	高度正相关

续表

	居住型街道活力	交通型街道活力	商业服务型街道活力	工作日城市街道活力	非工作日城市街道活力
公交站密度	高度正相关	高度正相关	高度正相关	高度正相关	高度正相关
限速等级	/	/	/	/	/
距最近地铁站距离	/	/	/	/	/
开阔度	低度负相关	/	中度负相关	中度负相关	/
绿视率	/	/	/	/	/
非机动车道以外铺装宽度	低度正相关	低度正相关	/	高度正相关	高度正相关
机动车道宽度	中度负相关	中度正相关	/	低度正相关	/

在11个自变量中，距最近商场距离、限速等级、距最近地铁站距离、绿视率等4个自变量和5种因变量都未表现出明显的相关性，而功能密度和公交站密度和5种因变量皆表现出高度的正相关。其他5个自变量则与各个因变量表现出不同程度的相关性。

距商业中心距离除了对居住型街道活力没有显著的影响，对交通型和商业服务型街道均有不同程度影响，也对工作日和非工作日的城市街道整体活力影响较大。功能混合度只表现出了和商业服务型街道与非工作日整体街道活力的负相关性。开阔度则对居住型和商业服务型街道表现出低中度的负相关性，同时对工作日城市街道活力也有一定的影响。非机动车道以外铺装宽度除了对商业服务型街道无显著影响，和其他4个因变量都具有不同程度的相关性。机动车道宽度比较特殊，与居住型街道活力表现出负相关，与交通型街道表现出正相关。

综上所述，功能密度和公交站密度较大的街道显示出较高的活力值，因此功能密度和公交站密度是影响街道活力最关键的两个因素。研究表明距离商业中心较远的街道的活力值越低，而居住型街道则不受这一因素的影响。而功能混合度较低的商业服务型街道则显示出较高的活力，可见街道用地类型的复杂化会抑制街道活力，这一现象在非工作日尤为明显，表明单一用地类型的街道活力有更高的趋势。开阔度较高的街道也表现出较低的活力值，可能一定程度的围合感可给人一定的安全感，促进人的长时间停留。同样非机动车道以外铺装宽度的增加也会提升街道的活力值。

5.6　中观尺度城市活力分析总结

本章对街道空间活力外在表征与城市街道建成环境进行相关性分析以及因变量空间自相关分析，试图得出武汉市江汉区街道空间活力的影响要素，并根据相关性的正负和大小对影响因素进行分类解析。基于以上分析得到如下几点主要结论。

1. 街道空间活力本身之间相互影响

街道活力不仅由外部因素决定，而且活力内部因素也对街道活力的分布有明显作用。街道活力作为一个整体，其内部各个街道的活力值在空间上呈聚类分布，表明街道活力会对周边街道形成显著的影响，而且这种影响在非工作日更为显著，说明工作日的必要性活动会对空间自相关性产生抑制作用，而非工作日的非必要性活动更容易激发街道活力本身之间的相互作用。

2. 街道空间活力受多种因素共同影响

城市街道空间建成环境要素复杂多样，基于研究所选的自变量进行分析可知，不同类型的街道活力受 5 种及以上自变量的影响。其中街道功能特征所包含的功能混合度、街道交通特征所包含的公交站密度等两种变量共同作用于不同类型的街道以及整体街道的活力值。

3. 不同类型街道的影响因素有所差异

不同类型的街道由于其在城市所承载的社会活动和社会功能有所差异，其活力值的影响因素也有所不同。基于相关性分析结果可知，功能混合度和公交站密度皆与 3 类街道活力相关，此外不同类型街道各有其他不同变量的影响，并且机动车道宽度这一变量在不同街道类型表现出的相关性正负也有所不同。

4. 不同影响因素作用机制有所不同

不同自变量由于其本身的属性不同，其对街道活力的作用机制也不尽相同。距商业中心距离、功能混合度和开阔度 3 种变量的增长对街道活力有不同程度的抑制作用。换而言之，良好的商业区位、统一的街道功能类型和适度的围合感对提升街道活力具有显著的作用。街道功能密度、公交站点密度和行人可使用铺装宽度对街道活力表现为不同程度的促进作用，前两者对街道活力的作用较后者有相关性显著。以上不同的城市建成环境变量是塑造和提高街道活力需重点关注的空间要素，通过有针对性地调控不同要素指标，可以改善街道空间品质，提升街道活力。

第6章　结论与讨论

基于上述从宏观及中观层面对武汉市城市活力的研究，针对武汉市的城市活力现状从城市规划和城市设计两个层面提出武汉市的城市活力营造和提升策略。

6.1　城市活力营造提升策略

6.1.1　城市规划层面的城市活力营造提升策略

在宏观层面的城市活力与城市建成环境要素的内在影响机制研究中，利用空间滞后模型定量测定出的城市建成环境要素对城市活力的影响程度结果显示人口密度、功能混合度、教育文化类POI密度、街道密度对城市活力保持持续稳定作用（工作日与非工作日对城市活力影响一致），人口密度对城市活力产生存在一定的抑制作用；功能混合度、教育文化类POI密度、街道密度对城市活力产生有一定促进作用。因此，城市将从街道密度、多样性、设计、目的可达性、公共交通邻近度等几个方面对城市街道的活力提升制定设计策略。

1. 控制城市的无序扩张，优化城市功能分布

面对当前的城市无序扩张蔓延现状，要有针对性地采用调控措施。首先，要科学划定城市增长边界，在城市的主要干道轴线、重要节点及交通枢纽上进行高强度的建设开发，采用例如TOD等开发模式，既有利于节约城市中心区域的土地空间，实现主城区土地的高效利用，又能增强主城区的集聚功能，提升城市整体的凝聚力。

在城市的功能分区方面，在规划城市功能分布的时候，充分考虑片区活力发展状态和基础条件，吸引活力相关要素和资源进入其邻近范围，使之与其他要素相互竞争、共同成长，优化城市的功能分布，从而形成联动效应，构成城市整体活力框架和活力源泉。

2. 加强公共空间的功能性，提高土地混合使用率

在城市活力提升中，城市的公共空间功能要考虑不同用途的适度交混，形成多用途、多功能的空间利用模式。通过对用地在城市的整体地位和担负的职能进行分析，注入与之发展相适应、互补的新功能，加强生产、娱乐、生活等多功能服务的合理配置，围绕核心功能，进行其他功能的复合叠加，实现主导功能与其他辅助功能的适度混合，有机联系城市的整体功能，进而提升城市活力。

值得重点指出的是，城市活力与城市建成环境要素的相关性显示：教育文化类 POI 密度对城市活力起促进作用，该结果与现有的城市街区活力测度及影响机制研究结果相一致。教育文化类 POI 包括风景名胜、公共文化设施等，该类 POI 具有建筑密度适宜、建筑年代多样性丰富的特点，拥有独特的街区风貌。教育文化类建筑延续了历史文脉，反映城市建设历史，又同时宣传地方经济、文化和社会的特色，使城市人群具有认同感与归属感。Barnett（1987）指出："历史保护运动永远改变了城市设计和建筑观念。大家更关心我们以及拥有的东西，更注意建筑的内涵及其传统。"同时，保护并利用老建筑都有重要意义，不但延续了城市的文化，减少了资源的浪费，同时对于老建筑的有效利用也丰富城市混合功能建设的形式和内容，使城市更具生机与魅力。

因此，在城市活力提升中，首先应慎重考虑教育文化类建筑的职能定位和发展基础，对其进行整体风貌相统一、规模适当的优化，并辅以适当的政策引导和倾斜，既为片区经济发展搭建桥梁，又为活力营造相关要素的进入提供政策上的便利和支持；其次应注重公众参与，充分重视人的需求，鼓励人参与教育文化建筑的更新与改造中。

3. 合理规划道路网络，构建"密路网，小街区"的开放式街区

城市活力的时空分布特征显示：城市活力极值出现在 12：00 及 18：00

两个通勤高峰时段，与宋沿（2018）在武汉市主城区活动空间特征研究中活动高峰时段重叠（中午 11：00 至 12：00、下午 16：00 至 18：00）；工作日工作时段城市活力的空间变动范围小，主要由办公、商业服务、地铁站点等高开发强度区域向周边较近区域往返扩散、聚集；综上来看，城市活力的强度、规模受到交通与空间集约性影响，与王玉琢（2017）在上海市的城市空间活力研究结论类似。街道密度网增加，可以改善城市交通状况，缓解交通压力；街道密度网的增加可以提升交通可达性，人们的出行有了更多的选择，便于在相互比较的前提下选择最经济、最便捷的路径。与此同时，机动车道宽度降低会减少机动车流量以及增加街区的安全性，但是相对地会引起一定的交通量容纳不足问题，所以要同时增加方格路网以确保城市生活性道路系统的完整性。

因此，在城市活力提升中，一方面可以通过适度增加道路密度，并结合轨道交通线路站点，提高公共交通的运力与服务覆盖度，缓解地表通行压力；增加街道密度，提供通行功能同时增加承载城市人群及其活动的物质空间；建立地下与地表空间的有效串联，通过对地下空间的开发，形成一体化的地下与地表空间系统，缓解地表通行压力，同时可以发挥其余功能对于城市活力的提升。另一方面适当加强城市的开发强度，使城市具备承载多样化的、持续性的人群活动的容纳空间，聚集城市人口，形成一定的活力基础条件；推进城市基础设施建设，提升土地利用混合度与城市生活设施的丰富度，为活动空间提供硬件支撑，加强生产、娱乐、生活多功能服务的合理配置，尤其是在城市新区的开发建设，并引入其他功能业态，实现主导功能与其他功能的适度混合，利用服务时间区段的不同而交叉使用空间，为人群提供更丰富的空间使用选择，满足不同类型人群的活动需求，进而提高空间使用效益。

4. 加强景观营造，合理配置用地

城市活力与城市建成环境要素的相关性显示：公园绿地比例在工作日白天及非工作日对城市活力产生一定的抑制作用，水体比例与城市活力不存在相关性，该结果与部分研究所持的公园绿地对人流量的增加起着明显促进作用的观点有所出入，而发现绿地、水系等作为单独景观要素，并不能在提升城市空间活力方面单一地起显著作用。

造成公园绿地、水体等景观要素抑制城市活力的潜在原因一方面可能是其景观品质较差，导致对人群的吸引力不足，尚未充分发挥带动空间活力的作用；另一方面则可能是其低密度的建设强度与单一的空间功能，减弱了空间对人群活动的容纳力和复合吸引力，整体上造成了空间人群活动密度偏低，遏制了城市活力的聚集及扩散效应。

因此，针对上述潜在原因，在城市活力提升中，一方面应着重对公园绿地、水体的优势进行挖掘与利用。结合本土自然地理、历史人文等特点进行相应的景观设计和功能策划，丰富地域文化特征，植入多样化的主题与活动，增加城市人群的归属感和认同感，并加强夜间景观、夜间活动策划等项目，增强公园绿地、水体对城市人群活动的吸引力；另一方面，应该加强对绿地水平在城市整体中地位的分析，在深入理解该地块在城市宏观结构中的地位以及在公共空间体系中发挥的职能入手，围绕城市发展目标，引入与之发展相适应、互补的新功能注入公园绿地，加强与周边用地生产、娱乐、生活等多功能的合理配置和协同，引导主导功能与其他功能的适度混合，实现与城市整体功能的有机联系进行功能的复合叠加，形成特色鲜明、功能多样的局部城市功能中心，使其成为城市有机体中必不可少的一部分，进而提升城市活力。

6.1.2 城市设计层面的城市活力营造提升策略

由上述研究结果可知街道区位、街道功能、街道交通 3 个特征都对街道空间活力有显著的影响，距离商业中心较近、功能密度较高、公交站密度较高的样本街道都显示出了较高的活力，因此城市设计可从上述几个角度切入提出设计策略以提高城市街道的活力。

1. 平衡商业中心的分布位置

根据研究结果可知距商业中心的距离与街道活力呈高度相关，城市空间离商业中心越近，其街道活力就会越高。虽然这一区位因素无法通过对街道的改造而实现，但是可以通过新开发构建新的商业中心来提高附近街道的活力。通过商业中心吸引人流，以达到提升周边街道活动的目的。此外，交通设施的密度对街道活力也有一定的相关性，因此也要满足便利的交通运输条件，便于商品和人群的集散。同时人口密度、人口数量对商品消费量和消费结构起决定作用，即人口密度高、人口数量多的地区所需的消费品数量多、品种杂，所以人口因素是形成商业中心的重要条件。综上所述，商业中心的分布主要应该考虑商圈之间的互相作用、交通条件、人口因素等必要条件。

区域和区域之间并不是完全割裂的，一个富有街道活力的区域可以带动其周边地区的街道活力上升，因此新建商业中心的选址要考虑其和其他商业中心的相互带动作用，只有这样才能形成一个活力充沛的城市建成环境。

2. 构建高可达性和高功能性的城市街道

研究表明公交站点密度和街道功能密度是影响街道活力最显著的两个变量，因此人们更倾向于去可达性高以及功能性强的街道上进行社会活动。

街道功能密度是影响街道空间活力的重要因素，在商业规划的前期合理进行商业设施数量和规模的配置，在后期的商业策划注重商业类型的混合和科学配比。街道空间功能要考虑不同用途的适度交混，形成多用途、多功能的街道利用模式。由于江汉区是一个比较成熟的城市行政区，采取增加建设用地的方式解决上述问题的可能性较小，因此可以通过对用地功能的置换和更新，如采用“填充式”的方式植入多种 POI，增加社区级的公共服务设施、商业模式或街头绿地等，以此来充分利用城市可建设用地。

同时也要发挥沿街建筑的潜在作用，可结合建筑楼层的分布，设置居民日常使用的商业、文化、办公等设施，实现不同类型设施在水平和垂直界面上的适度混合，提高街道空间活动强度与居民日常社交活动的丰富度。在非交通性的街道空间可以设置一些临时的室外休憩或小型商业设施，如放置室外休闲座椅、街头游园等，结合绿色植物营造出适合长时间停留的社会性活动空间，激发街头活动发生的频率，同时打造相对连续和积极的沿街界面。

3. 优化街道空间环境

街道空间环境和街道自身特征对街道空间活力也有不同程度的影响。由于不同功能区的街道功能不尽相同，对于不同类型的街道应该采取不同的措施进行规划改造。例如居住区的街道，可以适当缩减机动车道宽度，增加非机动车道以外的铺装宽度，对街道上的人行道进行合理的区分，形成步行通道、设施带和建筑前区，分别满足行人行走、街道设施布置和与建筑紧密联系的活动空间。以此在街道上划分出一个社交性活动区域，促进人群之间的交往活动。对于本身较为狭窄的街道，可以在沿街的公共空间前设置开放式退界空间，与道路红线内的人行道进行统筹设计，增大行人活动空间。条件允许的情况下沿街应合理地放置公共休憩座椅，引导行人进行各种交流活动。

但过于宽阔的街道空间反而会降低街道的活力，一定程度的围合感可以给人带来安全感，因此可以通过适度降低街道的开阔度来增加街道的活力。种植行道树就是一种很好的方式，行道树可以对街道空间进行有效的分割，以缓解由高大建筑或宽阔街道所导致的压迫感，形成基于人的尺度的、适宜的围合空间。

6.2 研究创新

本研究以武汉市为例，收集包括百度热力图数据、街景数据和交通数据在内的多源大数据，结合现场调研，在宏观和中观两个尺度上构建武汉市江汉区城市街道建成环境数据库，并应用多种空间分析方法和统计模型对街道活力进行了评价，并解析了城市活力和城市多种建成环境要素之间的相关性，为城市活力研究提供了精确、可量化的成熟研究框架和路径方法。

1. 研究视角和内容的特色

本研究基于城市活力营造这一当前城市建设中的重点问题，紧密跟踪国内外时空大数据支持下的城市时空行为这一热点研究领域，开拓性地开展基于多源大数据的时空化、精确化、动态化的城市活力表征和影响机制研究。研究区域具有特色和典型性，研究内容具有独特性和创新性。

2. 研究方法与路径的创新

传统的对街道活力的评价多采用实地调研和问卷访谈的方法，数据获取时间长，所需人工量较大，而本研究街道活力则充分利用了当下数字化、信息化时代的大数据来源，建立不同尺度下城市活力外在表征的数据库进行深入分析，是大数据与城市研究相结合的有益实践。此研究成果具有从理论基础到规划设计辅助决策工具等应用前景的清晰脉络，不仅在研究工具方法和实验设计上具有创新性，同时也是本项目技术路线设计的特色之处。

参考文献

中文文献

［1］王玉琢. 基于手机信令数据的上海中心城区城市空间活力特征评价及内在机制研究［D］. 南京：东南大学，2017.

［2］范冬婉. 时空大数据支持下的城市活力测量方法及增长策略研究［D］. 武汉：武汉大学，2019.

［3］阿兰·B. 雅各布斯 . 伟大的街道［M］. 王又佳，金秋野，译 . 北京：中国建筑工业出版社，2008.

［4］张梦琪. 城市活力的分析与评价［D］. 武汉：武汉大学，2018.

［5］李道增. 环境行为学概论［M］. 北京：清华大学出版社，1999.

［6］宋沿. 基于百度地图数据的武汉市主城区活动空间特征及结构优化研究［D］. 武汉：华中科技大学，2018.

［7］简·雅各布斯. 美国大城市的死与生：第 2 版［M］. 何晓军，译. 北京：译林出版社，2006.

［8］凯文·林奇. 城市意象［M］. 北京：华夏出版社，2001.

［9］扬·盖尔. 交往与空间［M］. 何人可，译. 北京：中国建筑工业出版社，2002.

［10］龚颖. 城市公共空间活力研究［D］. 北京：中国地质大学，2009

［11］蒋涤非. 城市形态活力论［M］. 南京：东南大学出版社，2007.

［12］徐煌辉，卓伟德. 城市公共空间活力要素之营建——以重庆市解放碑中心区及上海市新天地广场为例［J］. 城市环境设计，2006(4)：46-49.

［13］周密. 城市商业中心区外部空间活力研究［D］. 重庆：重庆大学，2007.

［14］黄骁. 城市公共空间活力激发要素营造原则［J］. 中外建筑，2010（2）：66-67.

[15] 高丽娟. 城市公共空间中舒适度的影响因素研究 [D]. 西安：西安建筑科技大学，2010.

[16] 刘黎，徐逸伦，江善虎，等. 基于模糊物元模型的城市活力评价 [J]. 地理与地理信息科学，2010，26（01）：73-77.

[17] 汪海，蒋涤非. 城市公共空间活力评价体系研究 [J]. 铁道科学与工程学报，2012，01：56-60.

[18] 徐磊青，刘念，卢济威. 公共空间密度、系数与微观品质对城市活力的影响——上海轨交站域的显微观察 [J]. 新建筑，2015，04：21-26.

[19] 陈菲，林建群，朱逊. 基于公共空间环境评价法（EAPRS）和邻里绿色空间测量工具（NGST）的寒地城市老年人对景观活力的评价 [J]. 中国园林，2015，31（8）：100-104.

[20] 龙瀛，张宇，崔承印. 利用公交刷卡数据分析北京职住关系和通勤出行 [J]. 地理学报，2012，67（10）：1339-1352.

[21] 王德，钟炜菁，谢栋灿，等. 手机信令数据在城市建成环境评价中的应用一以上海市宝山区为例 [J]. 城市规划学刊，2015（05）：82-90.

[22] 王鲁帅. 基于手机信令数据的城市滨水区时空活力模式研究——以上海黄浦江中段为例 [A]. 中国城市规划学会、沈阳市人民政府. 规划 60 年：成就与挑战——2016 中国城市规划年会论文集（04 城市规划新技术应用）[C]. 中国城市规划学会、沈阳市人民政府，2016：12.

[23] 宁晓平. 土地利用结构与城市活力的影响分析 [D]. 深圳：深圳大学，2016.

[24] 吴莞姝，党煜婷，赵凯. 基于多维感知的城市活力空间特征研究 [J]. 地球信息科学学报，2022，24（10）：1867-1882.

[25] 唐璐，刘培学，张建新，等. 城市目的地旅游者感知结构体系建构与满意度研究——以南京为例 [J]. 现代城市研究，2022（02）：60-66.

[26] 唐璐. 基于 SAP 系统的部件“禁装”功能应用 [J]. 航空维修与工程，2023（05）：72-74.

[27] 叶宇，庄宇，张灵珠，等. 城市设计中活力营造的形态学探究——基于城市空间形态特征量化分析与居民活动检验 [J]. 国际城市规划，2016（01）：26-33.

［28］阿摩斯·拉普卜特．建成环境的意义［M］．黄兰谷，译．北京：中国建筑工业出版社，2003.

［29］李斌．环境行为学的环境行为理论及其拓展［J］．建筑学报，2008（02）：30–33.

［30］付艺艺．城市商业步行街区建成环境特征对行人活动的影响研究［D］．武汉：华中农业大学，2018.

［31］姜蕾．城市街道活力的定量评估与塑造策略［D］．大连：大连理工大学，2013.

［32］龙瀛，周垠．街道活力的量化评价及影响因素分析——以成都为例［J］．新建筑，2016（01）：52–57.

［33］王录仓．基于百度热力图的武汉市主城区城市人群聚集时空特征［J］．西部人居环境学刊，2018，33（02）：52–56.

［34］张程远，张淦，周海瑶．基于多元大数据的城市活力空间分析与影响机制研究——以杭州中心城区为例［J］．建筑与文化，2017（9）：183 — 187.

［35］宋太新．商业服务和道路网络对城市消费活力的影响［D］．上海：华东师范大学，2016.

［36］刘庆敏，任艳军，曹承建，等．杭州市城区成年居民步行时间与建成环境主观感知的关联分析［J］．中华流行病学杂志，2015，36（10）：085–108.

［37］刘吉祥，周江评，肖龙珠，等．建成环境对步行通勤通学的影响——以中国香港为例［J］．地理科学进展，2019，38（06）：807–817.

［38］吕帝江．基于多源地理大数据的地铁客流影响因素研究［D］．广州：广州大学，2019.

［39］周热娜，李洋，傅华．居住周边环境对居民体力活动水平影响的研究进展［J］．中国健康教育，2012，28（9）：769–771.

［40］李俊芳，姚敏锋，季峰，等．土地利用混合度对轨道交通车站客流的影响［J］．同济大学学报（自然科学版），2016，44（9）：1415–1423.

［41］王建国．现代城市设计理论和方法：第二版［M］．南京：东南大学出版社，2001.

［42］谢花林，刘黎明，李波，等. 土地利用变化的多尺度空间自相关分析——以内蒙古翁牛特旗为例［J］. 地理学报，2006（04）：389-400.

［43］杨振山，蔡建明，高晓路. 利用探索式空间数据解析北京城市空间经济发展模式［J］. 地理学报，2009，64（08）：945-955.

［44］李方正，宗鹏歌 . 基于多源大数据的城市公园游憩使用和规划应对研究进展［J］. 风景园林，2021，28（1）：10-16.

［45］李君轶，高慧君 . 信息化视角下的全域旅游［J］. 旅游学刊，2016，31（09）：24-26.

［46］柴彦威，陈梓烽 . 时空间行为调查的回顾与未来展望［J］. 人文地理，2021，36（02）：3-10.

［47］申悦，王德 . 行为地理学理论与方法的跨学科应用研究［J］. 地理科学进展，2022，41（01）：40-52.

［48］黄蔚欣，张宇，吴明柏，等 . 基于 WiFi 定位的智慧景区游客行为研究——以黄山风景名胜区为例［J］. 中国园林，2018，34（03）：25-31.

［49］李方正，钱蕾西，臧凤岐，等 . 基于腾讯出行大数据的北京市郊野公园游憩使用及影响因素研究［J］. 风景园林，2019，26（04）：77-82.

［50］刘震，戴泽钒，楼嘉军，等 . 基于数字足迹的城市游憩行为时空特征研究——以上海为例［J］. 世界地理研究，2019，28（05）：95-105.

［51］史宜，李婷婷，杨俊宴 . 基于手机信令数据的城市滨水空间活力研究——以苏州金鸡湖为例［J］. 风景园林，2021，28（01）：31-38.

［52］徐欣，胡静 . 基于 GPS 数据城市公园游客时空行为研究——以武汉东湖风景区为例［J］. 经济地理，2020，40（06）：224-232.

［53］刘颂，赖思琪 . 大数据支持下的城市公共空间活力测度研究［J］. 风景园林，2019，26（05）：24-28.

［54］冉桂华，杨晔轩，殷浤益，等 . 一种热力图的景区人流量动态监测方法［J］. 计算机与数字工程，2018，46（11）：2329-2332+2350.

英文文献

[1] Buchanan C. Traffic in Towns [J]. Report of the Steering Group and Working Group Appointed by the Minister of Transport, 1963, 157 (1): 27–41.

[2] Kats P, Scully V J, Bressi T W.The New Urbanism: Twoard an Architecture of Community [M]. New York: McGraw–Hill, 1994.

[3] Montgomery J. Making a City: Urbanity, Vitality and Urban Design [J]. Journal of Urban Design, 1998, 3 (1): 93–116.

[4] Németh J, Schmidt S.The Privatization of Public Space: Modeling and Measuring Publicness [J]. Environment & Planning B Planning & Design, 2011, 38 (1): 5–23.

[5] Mehta V. Evaluating Public Space [J]. Journal of Urban Design, 2014, 19 (1): 53–88.

[6] Ye Y, Van Nes A. Quantitative Tools in Urban Morphology: Combining Space Syntax, Spacematrix and Mixed–use index in a GIS Framework [J]. Urban morphology, 2014, 18 (2): 97–118.

[7] Becker R A, Caceres R, Hanson, et al. A tale of one city: Using cellular network data for urban planning [J]. Pervasive Computing, 2011, 10 (4): 18–26.

[8] Park S H, Kim J H, Choi Y M, et al. Design Elements to Improve Pleasantness, Vitality, Safety, and Complexity of the Pedestrian Environment: Evidence from a Korean Neighbourhood Walkability Case Study [J]. International Journal of Urban Sciences, 2013, 17 (1): 142–160.

[9] Sung H G, Go D H, Choi C G. Evidence of Jacobs's Street Life in the Great Seoul City: Identifying the Association of Physical Environment with Walking Activity on Streets [J]. Cities, 2013, 35: 164–173.

[10] Nadai D M, Staiano J, Larcher R, et al. The Death and Life of Great Italian Cities: A Mobile Phone Data Perspective [C]. Proceedings of the 25th International Conference on World Wide Web. International World Wide Web Conferences Steering Committee, 2016: 413–423.

[11] Sung H, Lee S, Cheon S H. Operationalizing Jane Jacobs's Urban Design Theory:

Empirical Verification from the Great City of Seoul, Korea [J]. Journal of Planning Education and Research, 2015, 35 (2): 117–130.

[12] Handy S L, Boarnet M G, Ewing R, et al. How the Built Environment Affects Physical Activity: Views from Urban Planning [J]. American Journal of Preventive Medicine, 2002, 23 (S2): 64–73.

[13] Yue Y, Zhuang Y, Yeh A G O, et al. Measurements of POI–based Mixed Use and Their Relationships with Neighbourhood Vibrancy [J]. International Journal of Geographical Information Systems, 2017, 31 (4): 658–675.

[14] Cervero R, Kockelman K. Travel Demand and the 3Ds: Density, Diversity, and Design [J].Transportation Research Part D: Transport and Environment, 1997, 2 (2): 199–219.

[15] Ewing R, Cervero R. Travel and the Built Environment: A Meta–Analysis [J]. Journal of the American Planning Association, 2010, 76 (3): 265–294.

[16] Saelens B E, Sallis J F, Frank L D.Environmental Correlates of Walking and cycling: Findings from the Transportation, Urban Design, and Planning Literatures [J]. Annals of Behavioral Medicine, 2003, 25 (2): 80–91.

[17] Boarnet M G, Nesamani K S, Smith S. Comparing the Influence of Land Use on Nonwork Trip Generation and Vehicle Distance Traveled: An Analysis Using Travel Diary Data [J]. Center for Activity Systems Analysis, 2003.

[18] Boarnet M G, Greenwald M, Mcmillan T E. Walking, Urban Design, and Health Toward A Cost–Benefit Analysis Framework [J]. Journal of Planning Education and Research, 2008 (3): 41–358.

[19] Susan H L, Marlon B G, Reid E, et al. How the Built Environment Affects Physical Activity: Views from Urban Planning [J]. American Journal of Preventive Medicine, 2002, 23 (2): 15–17.

[20] Chatman D G. Deconstructing Development Density: Quality, Quantity and Price Effects on Household Non–Work Travel [J]. Transportation Research Part A: Policy and Practice. 2008, 42 (7): 1008–1030.

[21] Frank L, Bradley M, Kavage S, et al. Urban Form, Travel Time, and Cost

Relationships with Tour Complexity and Mode Choice [J]. Transportation, 2008, 35 (1): 37–54.

[22] Learnihan V, Niel K P V, Giles–Corti B, et al. Effect of Scale on the Links between Walking and Urban Design [J]. Geographical Research, 2011, 49 (2): 183–191.

[23] Peter S, Verheij R A, Jolanda M, et al. Physical Activity as A Possible Mechanism behind the Relationship between Green Space and Health: A Multilevel Analysis [J]. BMC Public Health, 2008, 8 (1): 1–13.

[24] El–Assi W, Mahmoud S M, Habib N K. Effects of Built Environment and Weather on Bike Sharing Demand: A Station Level Analysis of Commercial Bike Sharing in Toronto [J]. Transportation, 2017, 44 (3): 589–613.

[25] Dill J.Measuring Network Connectivity for Bicycling and Walking [C]. Meeting of the Transportation Research Board, 2004, 7 (9): 15–18.

[26] Oyeyemi A L, Conway T L, Adedoyin R A, et al. Construct Validity of the Neighborhood Environment Walkability Scale for Africa [J]. Medicine & Science in Sports & Exercise, 2016, 49 (3): 482–491.

[27] Calthorpe P. The next American metropolis: Ecology, community, and the American dream [M]. New York: Princeton Architectural Press, 1993.

[28] Downs A. New visions for metropolitan America [J]. Land Economics, 1994, 72 (1): 2027–2029.

[29] Delafons J. The New Urbanism: Toward an architecture of community [J]. Environmental Protection, 1994, 17 (2–3): 285–300.

[30] Cervero R, Duncan M. Which Reduces Vehicle Travel More: Jobs–Housing Balance or Retail–Housing Mixing [J]. Journal of the American Planning Association, 2006, 72 (4): 475–490.

[31] Whyte H W. City: Rediscovering The Center [M]. New York: Anchor Books, 1998.

[32] Vance C, Hedel R. The Impact of Urban Form on Automobile Travel: Disentangling Causation from Correlation [J].Transportation, 2007, 34 (5): 575–588.

[33] Pushkar A O, Hollingworth B J, Miller E J. A Multivariate Regression Model for

Estimating Greenhouse Gas Emissions from Alternative Neighborhood Designs [C]. Presented at the 79th Annual Meeting of the Transportation Research Board. 2000.

[34] Barnett J. An Introduction To Urban Design [J], New york, 1987.

[35] Dangi T B, Petrick J F.Augmenting the Role of Tourism Governance in Addressing Destination Justice, Ethics, and Equity for Sustainable Community-Based Tourism [J].Tourism and Hospitality, 2021, 2 (1) 15-42.

[36] Jennings V, Browning M H, Rigolon A. Urban Green Space at the Nexus of Environmental Justice and Health Equity [J]. Urban Green Spaces: Springer, 2019 (3): 47-69.

[37] Caldeira A M, Kastenholz E.Spatiotemporal Tourist Behaviour in Urban Destinations: A Framework of Analysis [J].Tourism Geographies, 2020, 22 (1): 22-50.

[38] Ives C D, Oke C, Hehir A, et al. Capturing Residents' Values for Urban Green Space: Mapping, Analysis and Guidance for Practice [J].Landscape and Urban Planning, 2017, 161: 32-43.

[39] Jamal T, Higham J. Justice and Ethics: towards A New Platform for Tourism and Sustainability [J]. Journal of Sustainable Tourism, 2021, 29 (2-3): 143-157.

[40] Xu Y, Li J, Xue J, et al. Tourism Geography through the Lens of Time Use: A Computational Framework Using Fine-Grained Mobile Phone Data [J].Annals of the American Association of Geographers, 2020 (10): 1-25.

[41] Buchanan C. Traffic in Towns [J]. Report of the Steering Group and Working Group Appointed by the Minister of Transport, 1963, 157 (1) : 27-41.

[42] SUN Y, Mobasheri A, Hu X et al. Investigating Impacts of Environmental Factors on the Cycling Behavior of Bicycle-Sharing Users [J]. Sustainability, 2017, 9 (6): 1060.

[43] Wang X, Lindsey G, Schoner J E et al. Modeling Bike Share Station Activity: Effects of Nearby Businesses and Jobs on Trips to And from Stations [J]. Journal of Urban Planning and Development, 2016, 142 (1) 1-9.

[44] Zhang Y, Thomas T, Brussel M et al. Exploring the Impact of Built Environment Factors on the Use of Public Bikes at Bike Stations: Case Study in Zhongshan, China [J]. Journal of Transport Geography, 2017, 58: 59-70.

[45] Li X, Ma X, Hu Z, et al.Investigation of Urban Green Space Equity at the City Level and Relevant Strategies for Improving the Provisioning in China [J].Land Use Policy, 2021, 101: 105+144.

[46] Schirpke U, Meisch C, Marsoner T, et al. Revealing Spatial and Temporal Patterns of Outdoor Recreation in the European Alps and Their Surroundings [J].Ecosystem Services, 2018, 31: 336-350.

[47] Su X, Spierings B, Dijst M, et al. Analysing Trends in the Spatio-Temporal Behaviour Patterns of Mainland Chinese Tourists and Residents in Hong Kong Based on Weibo Data [J].Current Issues in Tourism, 2020, 23 (12): 1542-1558.

[48] Wu Y, Wang L, Fan L, et al. Comparison of the Spatiotemporal Mobility Patterns among Typical Subgroups of the Actual Population with Mobile Phone Data: A Case Study of Beijing [J].Cities, 2020, 100 (1): 100-102.

[49] Khan N U, Wan W, Yu S. Spatiotemporal Analysis of Tourists and Residents in Shanghai Based on Location-Based Social Network's Data from Weibo [J]. ISPRS International Journal of Geo-Information, 2020, 9 (2): 70.

[50] Browning C R, Calder C A, Krivo L J, et al. Socioeconomic Segregation of Activity Spaces in Urban Neighborhoods: Does Shared Residence Mean Shared Routines? [J]. RSF: The Russell Sage Foundation Journal of the Social Sciences, 2017, 3 (2): 210-231.

[51] Reif J, Schmücker D.Exploring New Ways of Visitor Tracking Using Big Data Sources: Opportunities and Limits of Passive Mobile Data for Tourism [J]. Journal of Destination Marketing & Management, 2020, 18 (3): 1-9.

[52] Spina D L, Lorè I, Scrivo R, et al. An Integrated Assessment Approach as a Decision Support System for Urban Planning and Urban Regeneration Policies [J]. Buildings, 2017, 7 (4): 85.